ÉLÉMENTS D'ANALYSE NUMÉRIQUE

M. ATTEIA – M. PRADEL

CEPADUES-EDITIONS
111, rue Nicolas-Vauquelin – 31100 Toulouse (F)

CHEZ LE MEME EDITEUR

Mathématiques spatiales – Cours de technologie spatiale	*CNES*
La théorie des distributions et ses applications	*Dupraz J.*
Algèbre linéaire	*Grifone J.*
Exercices d'algèbre linéaire et bilinéaire BAC + 2	*Hiriart-Urruty, Plusquellec Y.*
Traitement d'algorithmes par ordinateur	*Léon L.*
Résolution numérique des équations aux dérivées partielles : une première approche	*Le Pourhiet A.*
Analyse fonctionnelle	*Samuelides M., Touzillier L.*

A PARAITRE

Analyse harmonique	*Samuelides M., Touzillier L.*
Problèmes d'analyses fonctionnelle et harmonique	*Samuelides M., Touzillier L.*

I.S.B.N. 285428.229.9

Dépôt légal : septembre 1990

N° éditeur : 250

PREFACE

L'Analyse Numérique est une discipline née du dialogue, de plus en plus fréquent, entre mathématiciens et praticiens des sciences expérimentales.

Elle s'est constituée en discipline autonome quand sont apparus les premiers ordinateurs et son développement est très étroitement lié à celui des moyens de calcul modernes.

Aujourd'hui, il est impossible, dans le cadre d'un enseignement universitaire, de donner un aperçu exhaustif des recherches effectuées au cours des 3 dernières décennies, en Analyse Numérique.

C'est pourquoi, dans cet ouvrage, nous nous sommes fixés comme objectifs :

1) de présenter avec le plus de clarté et de concision, les techniques numériques essentielles dans trois branches fondamentales de l'Analyse Numérique :

   - l'approximation,
   - la résolution des problèmes différentiels avec condition(s) initiale(s),
   - la résolution des systèmes linéaires.

2) de mettre en évidence, à partir d'exemples "académiques", la démarche du numéricien confronté à un problème nouveau.

Nous espérons que ce livre pourra être utile, non seulement à l'étudiant de mathématiques en 1er ou 2e cycle mais aussi à ceux, de plus en plus nombreux, qui disposent d'un micro-ordinateur performant et pratiquent le calcul numérique sans formation préalable.

C'est ainsi que nous avons exposé les bases de l'Analyse Numérique en utilisant des outils mathématiques élémentaires et, pour les plus avertis en mathématiques, que nous avons présenté brièvement les formalismes sous-jacents aux méthodes employées.

Ce livre est le fruit d'un enseignement donné en Licence de mathématiques où l'on a pu mesurer la difficulté qu'avaient les étudiants rompus aux disciplines abstraites à s'acclimater aux mathématiques appliquées.

Notre collègue J.P. Dedieu a relu les épreuves. Nous le remercions pour ses remarques.

Nous tenons aussi à remercier les Editions CEPADUES qui ont accueilli cet ouvrage dans leur collection universitaire.

Les Auteurs :

M. Atteia – M. Pradel

Table des Matières

PREMIÈRE PARTIE

Approximation et Interpolation polynomiales à une dimension

CHAPITRE I

Interpolation polynomiale

CHAPITRE II

Fonctions "spline" polynomiale sur $\mathbb{R}$

CHAPITRE III

Représentations approchées de fonctionnelles linéaires

CHAPITRE IV

Approximation polynomiale aux moindres carrés

CHAPITRE V

Compléments : Un premier pas dans la formalisation de la théorie de l'interpolation

DEUXIÈME PARTIE

Résolution numérique des problèmes différentiels avec condition(s) initiales(s)

CHAPITRE VI

Généralités sur les équations et problèmes différentiels

CHAPITRE VII

La méthode d'Euler ou méthode de la ligne polygonale de Cauchy-Lipschitz

CHAPITRE VIII

Méthodes à pas séparés (ou à un pas)

CHAPITRE IX
La méthode de Runge et Kutta (R-K)

TROISIÈME PARTIE
Analyse numérique matricielle

CHAPITRE X
Les méthodes directes

CHAPITRE XI
Notion de norme - Etude de l'erreur

CHAPITRE XII
Les méthodes itératives

CHAPITRE XIII

Méthodes itératives et problèmes variationnels

APPENDICE

Les formes matricielles canoniques

PREMIÈRE PARTIE

Approximation et interpolation polynomiales à une dimension

Le calcul de la valeur d'une fonction en un point de son ensemble de définition est un problème que rencontre souvent le praticien des mathématiques ou des sciences expérimentales.

Ce calcul ne peut être conduit exactement que dans des cas très rares.

Un des objectifs de l'Analyse Numérique est de proposer des algorithmes les plus précis, les plus rapides et les moins coûteux possibles pour calculer les valeurs approchées de fonctions appartenant à des classes les plus larges possibles.

Dans cette première partie, nous étudierons les éléments de la théorie de l'approximation (resp. de l'interpolation) des fonctions au moyen de polynômes. Cette étude est motivée par trois raisons essentielles.

(i) **Le théorème d'approximation de Weierstrass (point de vue global)**
Quels que soient $f \in C^0[a,b]$ et $\varepsilon \in \mathbb{R}_+^*$, il existe un entier $n(\varepsilon)$ et un polynôme p défini sur $[a,b]$ de degré inférieur ou égal à $n(\varepsilon)$ tel que :

$$\sup\{|f(x) - p(x)|\,;\, x \in [a,b]\} < \varepsilon$$

(ii) **La formule de Taylor (point de vue local)**
Soit $f \in C^{n+1}[a,b]$, $n \in N$.
Alors, quels que soient x_0 et x points de $[a,b]$:

$$f(x) = \sum_{j=0}^{n} \frac{(x-x_0)^j}{j!} f^{(j)}(x_0) + \frac{(x-x_0)^{n+1}}{n+1!} f^{(n+1)}(\varsigma),$$

$$\varsigma = \theta x_0 + (1-\theta)x, \quad 0 < \theta < 1$$

(iii) **La simplicité du calcul d'un polynôme** au moyen, par exemple, du schéma suivant, dit **schéma de Hörner :**

$$\sum_{j=0}^{n} \lambda_j x^j = \big(\cdots(\lambda_n x + \lambda_{n-1})x + \cdots + \lambda_1\big)x + \lambda_0.$$

CHAPITRE I

Interpolation polynomiale

1. Le problème

On se donne :

- une fonction f définie sur un intervalle $[a, b]$ de $\mathbb{R}$ $(a < b)$.
  On écrira : $f \in \mathbb{R}^{[a,b]}$.
- une subdivision $\{x_j\ ;\ 0 \leq j \leq n\}$ de $[a, b]$, telle que :

$$a \leq x_0 < \cdots < x_j < x_{j+1} < \cdots < x_n \leq b \quad \text{où} \quad n \in \mathbb{N}.$$

(I) On cherche s'il existe un polynôme p, de degré inférieur ou égal à $m \in \mathbb{N}$ tel que :

$$p(x_j) = f(x_j)\ , \quad 0 \leq j \leq n$$

Supposons que :

$$\forall x \in \mathbb{R}\ , \quad p(x) = \sum_{k=0}^{m} \lambda_k x^k\ , \quad \lambda_0, \ldots, \lambda_m \in \mathbb{R}.$$

$$\left(p(x_j) = \sum_{k=0}^{m} \lambda_k x_j^k = f(x_j)\ , \ 0 \leq j \leq n \right)$$

$$\Leftrightarrow \begin{pmatrix} 1 & x_0 & \cdots & x_0^m \\ 1 & x_1 & \cdots & x_1^m \\ \vdots & & & \vdots \\ 1 & x_n & \cdots & x_n^m \end{pmatrix} \cdot \begin{pmatrix} \lambda_0 \\ \lambda_1 \\ \vdots \\ \lambda_m \end{pmatrix} = \begin{pmatrix} f(x_0) \\ f(x_1) \\ \vdots \\ f(x_n) \end{pmatrix}$$

Trois éventualités peuvent se réaliser; le problème admet :

(i) une solution unique. Alors $n = m$;

(ii) aucune solution;
(iii) plusieurs solutions.

Proposition 1.1. : Les deux assertions suivantes sont équivalentes :

(i) Le problème $\mathcal{I}$ admet une seule solution;
(ii) $(m = n \quad \text{et} \quad a \leq x_0 < x_1 < \cdots < x_n \leq b)$.

Preuve : Résulte de propriétés classiques d'Algèbre linéaire. ||

Posons :

$$M = \begin{pmatrix} 1 & x_0 & \cdots & x_0^n \\ \vdots & & & \vdots \\ 1 & x_n & \cdots & x_n^n \end{pmatrix}$$

Le déterminant de M est appelé **déterminant de Van der Monde.**

Exercice 1.1. : Vérifier que $\det M = \prod_{0 \leq i < j \leq n} (x_j - x_i)$.

2. L'interpolant de Lagrange

Supposons à partir de maintenant que :

$$n = m \quad \text{et} \quad a \leq x_0 < x_1 < \cdots < x_n \leq b \quad (n \in \mathbb{N})$$

Définition 2.1. : La solution du problème $(\mathcal{I})$ sera appelée polynôme d'interpolation — ou interpolant — de f aux points de la subdivision $\{x_i \; ; \; 0 \leq i \leq n\}$. On le notera $P_n(\cdot \; ; \; f)$. On appellera interpolant de Lagrange de f relatif à la subdivision $\{x_i \; ; \; 0 \leq i \leq n\}$, le développement de $P_n(\, . \, ; \, f)$ donné dans la proposition suivante:

Proposition 2.1. :

$$\forall x \in \mathbb{R}, \quad P_n(x \; ; \; f) = \sum_{j=0}^{n} L_{j,n}(x) f(x_j)$$

$$\text{où :} \quad L_{j,n}(x) = \frac{(x - x_0) \cdots \cancel{(x - x_j)} \cdots (x - x_n)}{(x_j - x_0) \cdots \cancel{(x_j - x_j)} \cdots (x_j - x_n)}$$

Définition 2.2. : $L_{j,n}$ $(0 \leq j \leq n)$ est appelé interpolant de base de Lagrange relatif au point x_j.

Exercice 2.1. :

(i) Soit $g_j \in \mathbb{R}^{[a,b]}$ tel que :

$$g_j(x_i) = \delta_{ij}\ , \quad 0 \leq i,j \leq n$$

Montrer que :

$$L_{j,n} = P_n(\cdot\ ;\ g_j)$$

(ii) On pose :

$$\forall\, x \in \mathbb{R}\ , \quad L_{n+1}(x) = \prod_{j=0}^{n}(x - x_j)$$

Montrer que : $\forall\, j \in \{0,\ldots,n\}\ , \quad \forall\, x \in \mathbb{R}\ , \quad x \neq x_j,$

$$\boxed{L_{j,n}(x) = \frac{L_{n+1}(x)}{(x - x_j)L'_{n+1}(x_j)}}$$

Exercice 2.2. : Montrer que : $\forall\, x \in [a,b]\ , \quad \forall\, k \in \{0,1,\ldots,n\},$

$$x^k = \sum_{j=0}^{n} L_{j,n}(x) \cdot x_j^k$$

3. L'interpolant de Newton

Il n'y a pas de relation simple entre l'interpolant de base $L_{j,n}$ relatif à la subdivision $\{x_j\ ;\ 0 \leq j \leq n\}$, $a \leq x_0 < x_1 < \cdots < x_n < b$ et l'interpolant de base $L_{j,n+1}$ relatif à la subdivision plus fine :

$$\{x_j\ ;\ 0 \leq j \leq n+1\}\ , \quad a \leq x_0 < x_1 < \cdots < x_n < x_{n+1} \leq b$$

Du point de vue numérique, ceci est un inconvénient auquel remédie l'interpolant de Newton que nous allons expliciter.

Exercice 3.1. : Montrer que les fonctions $e_0, e_1, \ldots, e_n$ telles que :

$\forall\, x \in \mathbb{R}\, ,\ e_0(x) = 1, e_1(x) = x - x_0, \ldots, e_j(x) = (x - x_0)(x - x_1)\cdots(x - x_{j-1}), \ldots$

forment une base de l'espace vectoriel $\mathcal{P}_n$ des polynômes sur $\mathbb{R}$ de degré inférieur ou égal à $n \in \mathbb{N}$. ||

Développons le polynôme $P_n(\cdot\,;\,f)$ sur la base $(e_0, e_1, \ldots, e_n)$. On a :

$$\forall\, x \in \mathbb{R}\,, \quad P_n(x; f) = \sum_{k=0}^{n} \alpha_k e_k(x)$$

On en déduit que :

$$P_n(x_0; f) = f(x_0) = \alpha_0$$

$$P_n(x_1; f) = f(x_1) = f(x_0) + \alpha_1(x_1 - x_0) \quad \Leftrightarrow \quad \alpha_1 = \frac{f(x_0) - f(x_1)}{x_0 - x_1}$$

Pour expliciter α_k, $k \geq 2$, posons :

$$\forall\, y_0, y_1, \ldots, y_k \in \mathbb{R}\,, \quad \forall\, k \in \mathbb{N}^*\,,$$

$$[y_0]f = f(x_0)\,, \quad [y_0, y_1]f = \frac{f(y_0) - f(y_1)}{y_0 - y_1}\,, \ldots$$

$$[y_0, y_1, \ldots, y_k]f = \frac{[y_0, \ldots, y_{k-1}]f - [y_1, \ldots, y_k]f}{y_0 - y_k}$$

On en déduit que :

$$\alpha_k = [x_0, x_1, \ldots, x_k]f\,, \quad 0 \leq k \leq n$$

En effet, $\quad [x, x_0]f = \dfrac{f(x) - f(x_0)}{x - x_0} \quad$ implique :

$$f(x) = f(x_0) + (x - x_0)[x, x_0]f$$

et $\quad [x, x_0, x_1]f = \dfrac{[x, x_0] - [x_0, x_1]f}{x - x_2} \quad$ implique :

$$f(x) = f(x_0) + (x - x_0)[x_0, x_1]f + (x - x_0)(x - x_1)[x, x_0, x_1]f$$

et, par récurrence : $\quad P_n(x; f) = \displaystyle\sum_{k=0}^{n} e_k(x)[x_0, \ldots, x_k]f$

avec nécessairement : $\quad [x, x_0, \ldots, x_n]P_n(\cdot\,;\,f) = 0.$

Définition 3.1. : $[x_0, x_1, \ldots, x_k]f$, $0 \leq k \leq n$ est appelé **différence divisée d'ordre k de f** aux points de la subdivision $\{x_j\ ,\ 0 \leq j \leq n\}$.

Exercice 3.2. :

(i) Montrer (par récurrence) que :

$$\forall\, k \in \mathbb{N}^* , \quad [x_0,\ldots,x_k]f = \sum_{j=0}^{k} \frac{f(x_j)}{\displaystyle\prod_{l=0\ l\neq j}^{k} (x_j - x_l)}$$

(ii) Déduire de (i) que, quelle que soit la permutation σ de $\{0,1,\ldots,k\}$, on a :

$$[x_{\sigma(0)},\ldots,x_{\sigma(k)}]f = [x_0,\ldots,x_k]f$$

(iii) Montrer que :

$$\forall\, k \in \mathbb{N}^* , \quad [x_0,\ldots,x_k]f = \frac{f(x_k) - P_{k-1}(x_k;f)}{\displaystyle\prod_{l=0}^{k-1}(x_k - x_l)}$$

On pourra, pour cela, remarquer que :

$$\forall\, x \in \mathbb{R} , \quad P_k(x;f) = P_{k-1}(x;f) + \alpha_k(x - x_0)\cdots(x - x_{k-1})$$

On retiendra, en particulier, pour la suite, que :

$$\forall\, x \in [a,b] , \quad [x_0,\ldots,x_n,x]f = \frac{f(x) - P_n(x;f)}{L_{n+1}(x)}$$

Définition 5.1. : On appellera interpolant de Newton de f relatif à la subdivision $\{x_j \ ; \ 0 \le j \le n\}$, le développement de $P_n(\cdot \ ; \ f)$ donné par la formule suivante :

$$\forall\, x \in \mathbb{R} , \quad P_n(x;f) = [x_0]f + \sum_{k=1}^{n}[x_0,\ldots,x_k]f \cdot (x - x_0)\cdots(x - x_{k-1})$$

Tableau de calcul des coefficients dans l'interpolant de Newton

$$\begin{array}{ccccc}
f(x_0) = [x_0]f & & & & \\
 & \searrow & & & \\
 & & [x_0, x_1]f & & \\
 & \nearrow & & \searrow & \\
f(x_1) = [x_1]f & & & & [x_0, x_1, x_2]f \\
 & \searrow & & \nearrow & \\
 & & [x_1, x_2]f & & \\
 & \nearrow & & & \\
f(x_2) = [x_2]f & & & &
\end{array}$$

Exercice 3.3. : On suppose que $f \in C^\infty(\mathbb{R})$ et que :

$$x_j = x_0 + jh \qquad 0 \leq j \leq n.$$

(i) Etudier la limite de $[x_0, x_1, \ldots, x_k]f$ lorsque h tend vers zéro

(ii) Déduire de (i) une relation entre l'interpolant de Newton et la formule de Taylor.

Exercice 3.4. : Montrer que si $f \in C^n[a, b]$ alors :

$$\forall x_0, \ldots, x_n \in [a, b], \qquad \exists \varsigma \in]a, b[\text{ tel que : } \quad [x_0, \ldots, x_n]f = \frac{1}{n!} f^{(n)}(\varsigma).$$

Indications :

Posons : $\forall t \in [a, b], \quad Q_n(t; f) = P_{n-1}(t; f) + L_n(t)[x_0, \ldots, x_n]f.$

Alors : $\forall j \in \{0, 1, \ldots, n\} \qquad Q_n(x_j; f) = f(x_j)$

On en déduit que : $f' - Q'_n(\cdot\ ;\ f)$ s'annule en n points de $]a, b[$ et par récurrence, que $f^{(n)} - Q_n^{(n)}(\cdot\ ;\ f)$ s'annule en $\varsigma \in]a, b[$.

D'où le résultat annoncé.$\|$

Exercice 3.5. : Soit $f, g \in \mathbb{R}^{[a,b]}$ et (x_j) telle que : $a \leq x_0 < x_1 < \ldots < x_n \leq b$. Montrer que :

$$[x_0, x_1, \ldots, x_n](f.g) = \sum_{k=0}^{n} ([x_0, \ldots, x_k]f)([x_k, \ldots, x_n]g).$$

(Formule de Leibniz)

Exercice 3.6. : Soit $f \in C^3[a,b]$ et $x_0, x_1, x_2 \in [a,b]$.

(i) Montrer qu'il existe un seul polynôme $Q(\cdot\,;\,f) \in \mathcal{P}_5[a,b]$ tel que :

$$\begin{cases} Q^{(j)}(x_0;f) = f^{(j)}(x_0) & j = 0,1 \\ Q^{(j)}(x_1;f) = f^{(j)}(x_1) & j = 0,1,2 \\ Q(x_2;f) = f(x_2) \end{cases}$$

(ii) Montrer que : $\forall x \in [a,b]$,

$$\begin{aligned} Q(x;f) =& [x_0]f + [x_0,x_0]f \cdot (x-x_0) + [x_0,x_0,x_1]f \cdot (x-x_0)^2 + \cdots \\ &+ [x_0,x_0,x_1,x_1]f \cdot (x-x_0)^2(x-x_1) \\ &+ [x_0,x_0,x_1,x_1,x_1]f \cdot f(x-x_0)^2(x-x_1)^2 \\ &+ [x_0,x_0,x_1,x_1,x_1,x_2]f \cdot f(x-x_0)^2(x-x_1)^3 \end{aligned}$$

où on explicitera $[x_0,x_0], \ldots, [x_0,x_0,x_1,x_1,x_1,x_2]$ au moyen du rapport de deux déterminants.

4. Calcul symbolique sur les polynômes Application à l'interpolation

Dans ce paragraphe, nous désignerons par $\mathcal{P}$, l'espace vectoriel des polynômes à une variable sur $\mathbb{R}$ et par $\mathcal{P}_n$ le sous-espace vectoriel de $\mathcal{P}$ formé des polynômes de degré inférieur ou égal à n, $n \in \mathbb{N}$.

Nous allons présenter, très brièvement, un formalisme commode pour obtenir différentes bases de $\mathcal{P}_n$ ainsi que l'expression du polynôme d'interpolation qui est associé à chacune d'elles.

Définition 4.1. : On désigne par E (resp. E^h pour tout $h \in \mathbb{R}$), l'opérateur de $\mathcal{P}$ dans $\mathcal{P}$ tel que :

$$\forall x \in \mathbb{R}, \quad \forall p \in \mathcal{P}, \quad (Ep)(x) = p(x+1) \qquad (\text{resp. } (E^h p)(x) = p(x+h)).$$

Proposition 4.1. : Désignons par I l'opérateur identité de $\mathcal{P}$.
Alors : $E^0 = I$, $E^1 = E$,
et $\forall h,k \in \mathbb{R}$, $E^h \circ E^k = E^{h+k}$.

Preuve : Immédiate.||

Remarque 4.1. : La proposition 4.1. assure la cohérence des définitions de E et E^h données ci-dessus.

Définition 4.2. : On pose :

$$\Delta = E - I, \quad \nabla = I - E^{-1}, \quad \delta = E^{\frac{1}{2}} - E^{-\frac{1}{2}}, \quad \mu = \frac{1}{2}\left(E^{\frac{1}{2}} + E^{-\frac{1}{2}}\right)$$

Δ (resp. ∇, δ) est appelé **opérateur des différences croissantes (décroissantes, centrales)**. μ est appelé **opérateur additionnel.**

Proposition 4.2. :

(i) E admet pour inverse E^{-1}

(ii) $\Delta, \nabla, \delta, \mu$ n'ont pas d'inverse.

Preuve : Immédiate.||

Définition 4.3. : Soit a un opérateur de $\mathcal{P}$ dans $\mathcal{P}$.
Posons : $a^0 = I, \quad a^j = \underbrace{a \circ \ldots \circ a}_{j}, \quad j \in \mathbb{N}^*.$

On dira que a est **faiblement nilpotent** (sur $\mathcal{P}$) si :

$$\forall p \in \mathcal{P}, \quad \exists j_0 \in \mathbb{N}, \quad \forall j \in \mathbb{N}, \quad j \geq j_0, \quad \text{on ait} \quad a^j(p) = 0.$$

Proposition 4.3. : Soit D l'opérateur de dérivation de $\mathcal{P}$ dans $\mathcal{P}$.

(i) D est un opérateur faiblement nilpotent (de $\mathcal{P}$ dans $\mathcal{P}$).

(ii) Soit $\sum_{j=0}^{\infty} \frac{D^j}{j!}$ le développement en série formelle de e^D (où $D^0 = I, \quad 0! = 1$). Alors :

$$\forall x \in \mathbb{R}, \quad \forall p \in \mathcal{P}, \quad [(e^D)p](x) = \sum_{j=0}^{\infty} \left[\left(\frac{D^j}{j!}\right) p\right](x) = [E(p)](x).$$

ou ce qui est équivalent :

$$E = \sum_{j=0}^{\infty} \frac{D^j}{j!} = e^D \quad (\text{dans } \mathcal{P}).$$

Preuve : Immédiate. ||

Corollaire 4.1. :

$$\Delta = e^D - I, \quad \nabla = I - E^{-D}, \quad \delta = 2\text{Sh}\left(\frac{D}{2}\right), \quad \mu = \text{Ch}\left(\frac{D}{2}\right) \quad (\text{dans } \mathcal{P})$$

Application 4.1 : Soit $p_n \in \mathcal{P}_n, \quad n \in \mathbb{N}.$

Polynôme de Newton-Gregory (1ᵉtype)

$$\forall x \in \mathbb{R},$$
$$p_n(x) = (E^x p_n)(0) = [(I+\Delta)^x p_n](0)$$
$$= p_n(0) + \frac{x}{1!}(\Delta p_n)(0) + \cdots + \frac{x(x-1)\cdots(x-n+1)}{n!}(\Delta^n p_n)(0)$$

Polynôme de Newton-Gregory (2ᵉtype)

$$\forall x \in \mathbb{R},$$
$$p_n(x) = (E^x p_n)(0) = [(I-\nabla)^{-x} p_n](0)$$
$$= p_n(0) + \frac{x}{1!}(\nabla p_n)(0) + \cdots + \frac{x(x+1)\cdots(x+n-1)}{n!}(\nabla^n p_n)(0)$$

Exercice 4.1. : Expliciter $p_n(x)$, $x \in \mathbb{R}$ en utilisant la formule :

$$\forall x \in \mathbb{R}, \quad p_n = \left\{\left[\left(\frac{\delta}{2} + \sqrt{I + \frac{\delta^2}{4}}\right)^{2x}\right] p_n\right\}(0).$$

5. Erreur d'interpolation

Supposons que $f \in C^{n+1}[a,b]$ où $n \in \mathbb{R}$ et $[a,b]$ est un intervalle borné fermé de $\mathbb{R}$. De la formule de Taylor, on déduit que :

$$\begin{cases} \forall x \in [a,b], \quad f(x) = T_n(x;f) + \int_a^b K_n(x,t) f^{(n+1)}(t)\,dt \\ \quad \text{où} \quad T_n(x;f) = \sum_{j=0}^{n} \frac{(x-a)^j}{j!} f^{(j)}(a) \quad \text{avec} \quad 0! = 1 \\ \quad \text{et} \quad K_n(x,t) = \frac{(x-t)_+^n}{n!} = \begin{cases} 0 & \text{si} \quad x \le t \\ \frac{(x-t)^n}{n!} & \text{si} \quad x > t \end{cases} \end{cases}$$

Exercice 5.1. : Montrer que

- $\forall x \in [a,b]$, l'application de $C^n[a,b]$ dans $\mathbb{R}$ qui à g associe $T_n(x;g)$ est **linéaire**.

• • Quel que soit le polynôme p de degré inférieur ou égal à n défini sur $[a,b]$, on a : $T_n(\cdot\,;\,p) = p$.

Définition 5.1. : On appellera erreur d'interpolation au point $x \in [a,b]$ dans l'interpolation polynomiale de f par le polynôme $P_n(\cdot\,;\,f)$ la quantité $E_n(x;f) = f(x) - P_n(x;f)$.

Proposition 5.1. :

(i) $\forall x \in [a,b], \quad E_n(x;f) = L_{n+1}(x) \cdot \int_a^b M_n(x,t) f^{(n+1)}(t)\,dt$

où : $\forall x,t \in [a,b], \quad M_n(x,t) = [x_0,\ldots,x_n,x]K_n(.,t) \geq 0, \quad M_n \neq 0$

(ii) $\forall x \in [a,b]$,

$$|E_n(x;f)| \leq |L_{n+1}(x)| \left(\int_a^b |M_n(x,t)|^2 dt \right)^{\frac{1}{2}} \cdot \left(\int_a^b |f^{(n+1)}(t)|^2 dt \right)^{\frac{1}{2}}$$

(iii) $\forall x \in [a,b], \quad \exists \varsigma(x) \in]a,b[$ tel que :

$$E_n(x;f) = \frac{1}{\overline{n+1}!} L_{n+1}(x) f^{(n+1)}(\varsigma(x)) \quad \text{et} \quad \varsigma \in C^0[a,b].$$

Preuve :

(i) • On sait que :
$\forall x \in [a,b], \quad E_n(x;f) = f(x) - P_n(x;f) = L_{n+1}(x) \cdot [x_0,\ldots,x_n,x]f.$

Comme : $[x_0,\ldots,x_n,x] \cdot T_n(.\,;\,f) = 0$, puisque $T_n(\cdot\,;\,f)$ est un polynôme de degré inférieur ou égal à n, on déduit que :
$E_n(x;f) = L_{n+1}(x) \cdot [x_0,\ldots,x_n,x] \cdot \int_a^b K_n(\cdot\,,\,t) f^{(n+1)}(t)\,dt.$

Le résulat annoncé est une conséquence de la linéarité de l'intégrale.

• • Soit $\{t_j;\ j \in \mathbb{Z}\}$ une suite croissante de points de $\mathbb{R}$. Posons : $\forall q \in \mathbb{N}^*, \quad \forall t \in \mathbb{R}$,

$$M_{j,q}(t) = (q-1)! \cdot [t_j,\ldots,t_{j+q}]K_{q-1}(\cdot\,,t)$$

et

$$N_{j,q}(t) = (t_{j+q} - t_j) M_{j,q}(t)$$

On montre que :

$$N_{j,1}(t) = \begin{cases} 1 & \text{si} \quad t_j \leq t \leq t_{j+1} \\ 0 & \text{sinon} \end{cases}$$

et que :

$$\forall q \geq 2, \quad N_{j,q}(t) = \frac{t - t_j}{t_{j+q-1} - t_j} N_{j,q-1}(t) + \frac{t_{j+q} - t}{t_{j+q} - t_{j+1}} N_{j+1,q-1}(t)$$

On en déduit que :

$$\begin{aligned} N_{j,q}(t) > 0 \quad & \text{si} \quad t_j < t < t_{j+q} \\ N_{j,q}(t) = 0 \quad & \text{si} \quad t \leq t_j \quad \text{ou} \quad t \geq t_{j+q} \end{aligned}$$

Il est résulte, en particulier que :

$$\forall x, t \in [a, b], \qquad M_n(x, t) \geq 0 \quad \text{et que} \quad M_n \neq 0$$

(ii) Se déduit immédiatement de (i) en utilisant l'inégalité de Schwarz.

(iii) Remarquons d'abord que l'image de $[a, b]$ par $f^{(n+1)}$ est un intervalle compact de $\mathbb{R}$, puisque $f^{(n+1)} \in C^0[a, b]$. Notons $[\alpha, \beta]$ cet intervalle. Posons :

$$\gamma(x) = \left(\int_a^b M_n(x, t) dt \right)^{-1} \cdot \left(\int_a^b M_n(x, t) f^{(n+1)}(t) dt \right)$$

$\gamma(x)$ est le **barycentre** des points $f^{(n+1)}(t)$, $t \in [a, b]$, affectés des masses $M_n(x, t)$. Il en résulte que $\gamma(x) \in]\alpha, \beta[$ et donc : $\exists \varsigma(x) \in]a, b[$ tel que : $\gamma(x) = f^{(n+1)}(\varsigma(x))$.

Supposons maintenant que : $\forall x \in [a, b], \quad f(x) = x^{n+1}$.
Alors :

$$\begin{aligned} \forall x \in [a, b], \quad x^{n+1} - P_n(x; f) &= (x - x_0) \cdots (x - x_n) = L_{n+1}(x) \\ &= L_{n+1}(x) \cdot \overline{n+1}! \int_a^b M_n(x, t) dt \quad (\Leftarrow (i)) \end{aligned}$$

Donc :

$$\int_a^b M_n(x, t) dt = \frac{1}{\overline{n+1}!}.$$

On en déduit immédiatement l'expression de $E_n(x; f)$ annoncée. La continuité de ς résulte facilement de la continuité de M_n. ‖

6. Convergence de l'interpolation polynomiale

Nous allons montrer, ci-dessous, que $P_n(x; f)$ ne converge pas toujours uniformément vers f sur l'intervalle $[a, b]$, même si f est très régulière sur $[a, b]$.

Le phénomène de Runge

On suppose que :

$$a = -5, \quad b = 5 \quad \text{et} \quad \forall x \in [-5, 5], \quad f(x) = \frac{1}{x^2 + 1}.$$

Pour tout entier $n \in \mathbb{N}^*$, on désigne par $(x_{j,n})$ la subdivision de $[-5, 5]$ telle que : $x_{j,n} = 5j/n, \quad j \in \{-n, \ldots, -1, 1, \ldots, n\}$. Il existe un seul polynôme de degré $(2n - 1)$ qui interpole f aux points de cette subdivision. Notons $Q_n(\cdot\ ;\ f)$ ce polynôme.

Posons : $\forall n \in \mathbb{N}, \quad e_n(\cdot\ ;\ f) = f - Q_n(\cdot\ ;\ f)$.

Ci-dessous, pour alléger l'écriture, nous omettrons l'indice n chaque fois que cela ne créera pas de confusion

De l'étude de l'erreur faite au paragraphe précédent, on déduit que :

$$\forall x \in [-5, 5], \quad e_n(x\ ;\ f) = (x^2 - x_n^2) \cdots (x^2 - x_1^2)[x_n, -x_n, \ldots, x_1, -x_1, x]f$$

En appliquant la formule de Leibniz (cf. exercice 3.5.) — qui se généralise aux différences divisées — on obtient :

$$\begin{aligned} 0 =& [x_n, -x_n, \ldots, x_1, -x_1, x](1) = [x_n]\{(\cdot)^2 + 1\} \cdot [x_n, -x_n, \ldots, x_1, -x_1, x]f \\ &+ [x_n, -x_n]\{(\cdot)^2 + 1\} \cdot [-x_n, x_{n-1}, \ldots, x_1, -x_1, x]f \\ &+ [x_n, -x_n, x_{n-1}]\{(\cdot)^2 + 1\} \cdot [x_{n-1}, -x_{n-1}, \ldots, x_1, -x_1, x]f \\ =& (x_n^2 + 1)[x_n, -x_n, \ldots, x_1, -x_1, x]f + [x_{n-1}, -x_{n-1}, \ldots, x_1, -x_1, x]f \end{aligned}$$

D'où :

$$[x_n, -x_n, \ldots, x_1, -x_1, x]f = -\frac{[x_{n-1}, -x_{n-1}, \ldots, x_1, -x_1, x]f}{x_n^2 + 1}$$

En réitérant ce processus, on obtient :

$$[x_n, -x_n, \ldots, x_1, -x_1, x]f = \frac{(-1)^n}{(x_n^2 + 1)(x_{n-1}^2 + 1) \cdots (x_1^2 + 1)(x^2 + 1)}$$

Supposons, maintenant, que x soit un irrationnel de l'intervalle $]0, 5[$. Alors, quel que soit $n \in \mathbb{N}^*$, x n'est pas un point de la subdivision $(x_{j,n})$, et

$e_n(x;f) \neq 0$. Ainsi :

$$\mathrm{Log}\left((x^2+1)\cdot|e_n(x;f)|\right) = \sum_{k=1}^{n} \mathrm{Log}\,|x^2 - x_k^2| - \sum_{k=1}^{n} \mathrm{Log}\,(x_k^2+1).$$

Notons $\chi_{(\alpha,\beta)}$ la fontion caractéristique de (α,β).

Soit m_x le plus grand indice k tel que $x_k < x$. Alors :

$$\varsigma_n = \mathrm{Log}\,(x^2 - x_1^2)\chi_{[0,x]} + \sum_{k=2}^{m_x} \mathrm{Log}\,(x^2 - x_k^2)\chi_{]x_{k-1},x_k[}$$

est une fonction étagée sur $[0,x]$, majorée par $\varsigma = \mathrm{Log}\,(x^2 - (\,\cdot\,)^2)$.

De plus, $\forall t \in [0,x]$, $\lim_{n\to\infty} \varsigma_n(t) = \varsigma(t)$.

Du théorème de convergence dominée de Lesbesgue, on déduit que :

$$\lim_{n\to\infty}\left(\frac{1}{n}\sum_{k=1}^{m_x} \mathrm{Log}\,(x^2 - x_k^2)\right) = \int_0^x \mathrm{Log}\,(x^2 - t^2)dt$$

Un raisonnement analogue à celui que nous venons de faire nous permet de déduire que :

$$\lim_{n\to\infty}\left(\frac{1}{n}\mathrm{Log}\left((x^2+1)\cdot|e_n(x;f)|\right)\right) = \int_0^x \mathrm{Log}\,(x^2-t^2)dt$$
$$+ \int_x^5 \mathrm{Log}\,(t^2 - x^2)dt + \int_0^5 \mathrm{Log}\,(t^2+1)dt$$

Or, $\displaystyle\int_0^5 \mathrm{Log}\,(t^2+1)dt = 5\mathrm{Log}\,(26) - 10 + 2\mathrm{Arctg}\ 5 = C_0 \simeq 3,5432.$

Posons : $\forall x \in [0,5]$, $\displaystyle r(x) = \int_0^x \mathrm{Log}\,(x^2-t^2)dt + \int_x^5 \mathrm{Log}\,(t^2-x^2)dt + C_0.$

On vérifie facilement que $r \in C^0[0,5]$ et que $r(5) > 0$ $(r(5) \simeq 16,57)$.

Si l'irrationnel x est choisi suffisamment près de 5, on a :

$$\lim_{n\to\infty}\left(\frac{1}{n}\mathrm{Log}\left((x^2+1)\cdot|e_n(x;f)|\right)\right) = r(x) > 0.$$

Il en résulte que : $\displaystyle\lim_{n\to\infty} |e_n(x;f)| = +\infty.$

Remarque 6.1. : L'étude classique du phénomène de Runge est faite dans le champ complexe.

CHAPITRE II

Fonctions "spline" polynomiales sur $\mathbb{R}$

Soit $[a,b]$ un intervalle de $\mathbb{R}$ $(a < b)$ et $\{x_j;\ 0 \le j \le n\}$, une subdivision de $[a,b]$ telle que : $a \le x_0 < x_1 < \cdots < x_n \le b$. Si $f \in C^{n+1}[a,b]$, on sait que : (Ch I §5)

$$\forall x \in [a,b], \quad f(x) = T_n(x;f) + \int_a^b K_n(x,t) f^{(n+1)}(t)dt.$$

D'autre part, posons :

$$\forall x \in [a,b], \quad \omega_n(x) = T_n(x;f) - \sum_{j=0}^{n} L_{j,n}(x) T_n(x_j;f).$$

Comme ω_n est un polynôme de degré inférieur ou égal à n qui s'annule aux $(n+1)$ points distincts $x_0, x_1, \ldots, x_n$, on déduit que :

$$\forall x \in [a,b], \quad f(x) - \sum_{j=0}^{n} L_{j,n}(x) f(x_j) = \int_a^b G_n(x,t) f^{(n+1)}(t)dt$$

où : $\forall x,t \in [a,b], \quad G_n(x,t) = K_n(x,t) - \sum_{j=0}^{n} L_{j,n}(x) \cdot K_n(x_j,t)$

Posons : $I_0 = [a, x_0], \quad I_1 = [x_0, x_1], \ldots, I_n = [x_{n-1}, x_n], \quad I_{n+1} = [x_n, b]$

Supposons que : $x \in I_k, \quad 0 \le k \le n+1$

On vérifie facilement que $G_n(x, \cdot\,)$ est polynôme de degré inférieur ou égal à n sur chacun des intervalles $I_l,\ l \ne k$ et sur chacun des intervalles $I_k \cap [a,x]$ et $I_k \cap [x,b]$.

De plus, $G_n(x, \cdot\,) \in C^{n-1}[a,b]$.

Une idée "naturelle" pour améliorer l'approximation de f par son interpolant $P_n(\,\cdot\,;f) = \sum_{j=0}^{n} L_{j,n}(\,\cdot\,)\cdot f(x_j)$. consiste à "approcher" $\int_a^b G_n(\,\cdot\,,t) f^{(n+1)} dt$ par une fonction de la forme : $\sum_{k=1}^{p} \lambda_k G_n(\,\cdot\,, x_{n+k})$ où $\{x_{n+k};\ 1 \le k \le p\}$ est une subdivision de $[a,b]$ distincte de $\{x_j;\ 0 \le j \le n\}$ et telle que : $a < x_{n+1} < \cdots < x_{n+k} < b$.

Supposons que la nouvelle subdivision, obtenue en réunissant les subdivisions $\{x_j;\ 0 \le j \le n\}$ et $\{x_{n+k};\ 0 \le k \le p\}$, que nous noterons $\{\overline{x}_l;\ 0 \le l \le n+p\}$, soit telle que : $a \le \overline{x}_0 < \overline{x}_1 < \cdots < \overline{x}_{n+p} \le b$.

Posons maintenant :

$$\forall x \in [a,b], \quad \sigma(x) = P_n(x;f) + \sum_{k=1}^{p} \lambda_k G_n(x, x_{n+k}).$$

On vérifie facilement que, sur chaque intervalle $[\overline{x}_l, \overline{x}_{l+1}]$, σ est un polynôme de degré inférieur ou égal à n et que $\sigma \in C^{n-1}[a,b]$.

De plus comme : $G_n(x_j, t) = 0$, $t \in [a,b]$, $0 \le j \le n$, on a immédiatement : $\sigma(x_j) = f(x_j)$, $0 \le j \le n$.

Il est donc "naturel" de penser que si on impose à σ, (par exemple) d'interpoler f aux points $x_{n+1}, \ldots, x_{n+p}$, alors σ sera une approximation de f meilleure que $P_n(\cdot\,;\,f)$. Notons que ceci sera possible si la matrice d'éléments $G_n(x_{n+l}, x_{n+m})$, $1 \le l,\ m \le p$ est inversible.

Exercice : Vérifier que $G_n(x,t) = L_{n+1}(x) M_n(x,t)$.

1. L'espace $S_m([a,b];\Delta)$

Dans la suite, on désignera par $\mathcal{P}_m[\alpha,\beta]$, $m \in \mathbb{N}$, $\alpha, \beta \in \mathbb{R}$, $\alpha < \beta$, l'ensemble des polynômes de degré inférieur ou égal à m définis sur l'intervalle $[\alpha,\beta]$.

Définition 1.1. : Soit $m \in \mathbb{R}$, $[a,b]$ un intervalle de $\mathbb{R}$ $(a < b)$ et $\Delta = \{x_j;\ 0 \le j \le n\}$ une subdivision de $[a,b]$ telle que : $a = x_0 < x_1 < \cdots < x_n = b$.

On appelle espace des **fonctions "spline" polynomiales (f.s.p.) de degré m sur $[a,b]$, ayant pour nœuds les points $x_0, x_1, \ldots, x_n$**, l'ensemble $S_m([a,b];\Delta)$ des fonctions σ définies sur $[a,b]$ telles que :

(i) la restriction de σ à chaque intervalle $[x_j, x_{j+1}]$, $j \in \{0, \dots, n-1\}$ est un polynôme de degré inférieur ou égal à m.

(ii) Si m est supérieur ou égal à 1, σ est continûment différentiable sur $[a, b]$, jusqu'à l'ordre $(m-1)$.

Proposition 1.1. :

$$S_m([a,b];\Delta) = \left\{ \sigma \in \mathbb{R}^{[a,b]}; \quad \sigma = p_m + \sum_{j=1}^{n-1} \gamma_j(\cdot - x_j)_+^m, \quad p_m \in \mathcal{P}_m[a,b], \right.$$

$$\left. \gamma_j \in \mathbb{R}, \quad j \in \{1, \dots, (n-1)\} \right\},$$

Sachant que : $\quad \forall x, t \in \mathbb{R}, \quad (x-t)_+^m = \begin{cases} (x-t)^m & \text{si } x \geq t \\ 0 & \text{sinon} \end{cases}$

Preuve : Notons, tout d'abord, que tout polynôme $p \in \mathcal{P}_m[\alpha, \beta]$ est déterminé de manière unique par les valeurs de ses dérivées d'ordre $0, 1, \dots, m$, en un point quelconque $\varsigma \in [a, b]$, puisque :

$$\forall x \in [\alpha, \beta], \quad p(x) = \sum_{k=0}^{m} \frac{(x-\varsigma)^k}{k!} p^{(k)}(\varsigma).$$

Remarquons, d'autre part, que : $\forall j \in \{1, \dots, n-1\}$, la restriction à l'intervalle $[a, b]$ de l'application : $x \longmapsto (x - x_j)_+^m$ est un élément de $C^{m-1}[a, b]$ si $m \in \mathbb{N}^*$.

Par conséquent, si $m \in \mathbb{N}^*$ et $p_m \in \mathcal{P}_m[a, b]$, alors :

$$p_m + \sum_{j=1}^{n-1} \gamma_j(\cdot - x_j)_+^m \in C^{m-1}[a, b].$$

Considérons maintenant un élément σ de $S_m([a, b]; \Delta)$.

Puisque la restriction de σ à $[x_0, x_1]$ est un élément de $\mathcal{P}_m[x_0, x_1]$, il existe $p_m \in \mathcal{P}_m[a, b]$ tel que : $\forall x \in [x_0, x_1], \quad \sigma(x) = p_m(x)$.

Posons maintenant : $\forall x \in [x_1, x_2], \quad \tau(x) = p_m(x) + \gamma_1(x - x_1)^m, \quad \gamma_1 \in \mathbb{R}$.

Evidemment, $\tau \in \mathcal{P}_m[x_1, x_2]$.

On vérifie facilement que, si $l \in \{0, \ldots, (m-1)\}$, alors :

$$\tau^{(l)}(x_1) = p_m^{(l)}(x_1) = \sigma^{(l)}(x_1).$$

De plus, on peut choisir γ_1 de façon que : $\tau^{(m)}(x_1) = \sigma^{(m)}(x_1 + 0)$.
De la remarque faite au début de cette preuve, il résulte que :

$$\forall x \in [x_1, x_2], \quad \sigma(x) = \tau(x).$$

On en déduit immédiatement que :

$$\forall x \in [x_0, x_2], \quad \sigma(x) = p_m(x) + \gamma_1 (x - x_1)_+^m.$$

Par récurrence sur les intervalles $[x_2, x_3], \ldots, [x_{n-1}, x_n]$, on déduirait facilement la proposition annoncée.||

Proposition 1.2. :

(i) Si $m \in \mathbb{N}^*$ (resp. $m = 0$) alors $S_m([a,b];\Delta)$ est un sous-espace vectoriel de $C^{m-1}[a,b]$ (resp. de $L^2(a,b)$).

(ii) L'espace vectoriel $S_m([a,b];\Delta)$ est un espace de dimension égale à $(m+n)$.
Il admet pour base la famille de vecteurs $\{e_0, \ldots, e_m, E_1, \ldots, E_{n-1}\}$ tel que :

$$\forall x \in [a,b], \quad e_j(x) = x^j, \quad 0 \le j \le m \quad \text{et} \quad E_l(x) = (x - x_l)_+^m, \quad 1 \le l \le n-1.$$

Preuve : (i) résulte immédiatement de la proposition 1.1.
(ii) De la proposition 1.1, on déduit que la famille de vecteurs

$$\{e_0, \ldots, e_m, E_1, \ldots, E_{n-1}\}$$

est une famille génératrice de $S_m([a,b];\Delta)$.

Supposons, maintenant, qu'il existe des scalaires $\lambda_0, \ldots, \lambda_m$ et $\mu_1, \ldots, \mu_{n-1}$ tels que

$$\forall x \in [a,b], \quad \sum_{j=0}^{m} \lambda_j x^j + \sum_{l=1}^{n-1} \mu_l (x - x_l)_+^m = 0.$$

Alors : $\forall x \in [x_0, x_1], \quad \sum_{j=0}^{m} \lambda_j x^j = 0$ et donc $\lambda_0 = \lambda_1 = \cdots = \lambda_m = 0$

On en déduit que : $\forall x \in [a,b], \quad \sum_{l=1}^{n-1} \mu_l (x - x_l)_+^m = 0$

D'où : $\forall x \in [x_1, x_2], \quad \mu_1 (x - x_1)^m = 0$ et donc $\mu_1 = 0$

Par récurrence, sur les intervalles $[x_2, x_3], \ldots, [x_{n-1}, x_n]$, on déduirait de même que $\mu_2 = \cdots = \mu_{n-1} = 0$. ||

Proposition 1.3. : Toute primitive (resp. la dérivée d'ordre un lorsque $m \in \mathbb{N}^*$) d'un élément de $S_m([a,b];\Delta)$ est un élément de $S_{m+1}([a,b];\Delta)$ (resp. un élément de $S_{m-1}([a,b];\Delta)$.

Preuve : Immédiate. ||

Proposition 1.4. : Etant donné $n \in \mathbb{N}^*$, notons $\Delta_n = \{x_j^n\ ;\ 0 \leq j \leq n\}$ la subdivision de $[a,b]$ telle que : $x_0^n = a,\ x_n^n = b,$

$$x_{j+1}^n - x_j^n = \frac{b-a}{n}, \qquad 0 \leq j \leq n-1.$$

Alors, quels que soient $f \in C^m[a,b]$ et $\epsilon \in \mathbb{R}_+^*$, il existe $n \in \mathbb{N}^*$ et $\sigma_n \in S_m([a,b];\Delta_n)$ tels que :

$$\operatorname{Sup}\left\{\operatorname{Sup}\left\{|f^{(p)}(x) - \sigma_n^{(p)}(x)|;\ x \in [a,b]\right\};\ p \in \{0,\ldots,(m-1)\}\right\} \leq \epsilon.$$

Preuve : Puisque $f^{(m)} \in C^0[a,b]$, on sait que : quel que soit $\eta \in \mathbb{R}_+^*$, il existe $n \in \mathbb{N}$ et une fonction étagée sur $[a,b]$ que nous noterons h_n tels que :

$$\operatorname{Sup}\left\{|f^{(m)}(x) - h_n(x)|; x \in [a,b]\right\} \leq \eta$$

Posons :

$$\forall x \in [a,b], \quad \sigma_n(x) = T_m(x;f) + \int_a^b \frac{(x-t)_+^{m-1}}{m-1!} h_n(t)dt$$

où $\quad T_m(x;f) = \displaystyle\sum_{j=0}^{m-1} \frac{(x-a)^j}{j!} f^{(j)}(a).$

On vérifie facilement que : $\sigma \in S_m([a,b];\Delta_n)$.

Mais,

$$\forall x \in [a,b], \quad f(x) = T_m(x;f) + \int_a^b \frac{(x-t)_+^{m-1}}{m-1!} f^{(m)}(t)dt$$

Donc :

$$\forall p \in \{0,\ldots,(m-1)\}, \quad f^{(p)}(x) - \sigma_n^{(p)}(x) = \int_a^b \frac{(x-t)_+^{m-p-1}}{m-p-1!}[f^{(m)}(t) - h_n(t)]dt$$

D'où :

$$\operatorname{Sup}\{|f^{(p)}(x) - \sigma_n^{(p)}(x)|; \quad x \in [a,b]\} \leq \frac{(b-a)^{m-p}}{m-p-1!} \cdot \eta$$

On en déduit immediatement le résultat annoncé.||

Remarque 1.1 : On peut considérer h_n comme une dérivée *généralisée* d'ordre m de σ_n. On en déduit alors que :

$$\text{Sup } \{|f^{(m)}(x) - \sigma^{(m)}(x)| ; \quad x \in [a,b]\} \leq \eta$$

Corollaire 1.1 : Quels que soient $f \in C^0[a,b]$ et $\epsilon \in \mathbb{R}_+^*$, il existe $n \in \mathbb{N}^*$ et $\sigma_n \in S_m([a,b];\Delta)$ tels que :

$$\text{Sup } \{|f(x) - \sigma_n(x)| ; \quad x \in [a,b]\} \leq \epsilon$$

Preuve : Il suffit de remarquer que d'après le théorème de Stone-Weierstrass :

$\forall \epsilon \in \mathbb{R}_+^*$, $\forall f \in C^0[a,b]$, $\exists n \in \mathbb{N}^*, \exists p \in \mathcal{P}_n[a,b]$ tels que :
$\text{Sup } \{|f(x) - p(x)| ; \quad x \in [a,b]\} \leq \epsilon$. ||

On démontre et nous admettrons le théorème suivant.

Théorème 1.1 : (Schoenberg-Witney)

Soit $\Delta = \{x_j ; \quad 0 \leq j \leq n\}$ et $\overline{\Delta} = \{t_l ; \quad 0 \leq l \leq n+m\}$ deux subdivisions de $[a,b]$ telles que :

$$a = x_0 < x_1 < \ldots < x_n = b \quad \text{et} \quad a = t_0 < t_1 < \ldots < t_{n+m} = b.$$

Le problème d'interpolation suivant :

Trouver $\sigma \in S_m([a,b];\Delta)$

telle que : $\sigma(t_l) = \alpha_l, \quad 1 \leq l \leq n+m$

admet une seule solution, quels que soient les scalaires $\alpha_1, \ldots, \alpha_{n+m}$ si et seulement si :

$$t_1 < x_1 < t_{m+2}, \quad t_2 < x_2 < t_{m+3}, \ldots, t_{n-1} < x_{n-1} < t_{m+n}. \ ||$$

2. Fonction "spline" de degré impair

Définition 2.1 : Soit $[a,b]$ un intervalle de $\mathbb{R}$ $(a < b)$ et $k \in \mathbb{N}^*$. On notera dans la suite $H^k(a,b)$ l'ensemble des fonctions f définies sur $[a,b]$ et continûment différentiables sur $[a,b]$, jusqu'à l'ordre $(k-1)$ telles que :

$$\forall x \in [a,b], \qquad f^{(k-1)}(x) = f^{(k-1)}(a) + \int_a^x v_k(t;f)dt$$

$$\text{où} \qquad v_k(\cdot;f) \in L^2(a,b)$$

$v_k(\cdot;f)$ sera appelée **dérivée généralisée d'ordre** k de f sur (a,b) et sera notée $f^{(k)}$.

***Exercice* 2.1 :**

(i) Montrer que : $H^k(a,b)$ est un sous-espace vectoriel de $C^{k-1}[a,b]$.

(ii) Montrer que : $\forall k \in \mathbb{N}^*$, $\forall f \in H^k(a,b)$, $\forall x \in [a,b]$,

$$f(x) = T^{k-1}(x;f) + \int_a^b \frac{(x-t)_+^{k-1}}{\overline{k-1}!} f^{(k)}(t)dt$$

(iii) Soit $t \in [a,b]$. Montrer que le problème différentiel :
Trouver $y_t \in H^{2k-1}(a,b)$ tel que :
$\forall x \in]a,b[,\quad y_t^{(k)}(x) = \dfrac{(t-x)_+^{k-1}}{\overline{k-1}!}$

$y^{(j)}(a) = \varsigma_j, \quad j \in \{0,1,\ldots,k-1\}$
admet une solution et une seule y_t telle que :

$$\forall x \in [a,b],\quad y_t(x) = \sum_{j=0}^{k-1} \frac{(x-a)^j}{j!}\varsigma_j + \int_a^b \frac{(x-s)_+^{k-1}}{\overline{k-1}!}\frac{(t-s)_+^{k-1}}{\overline{k-1}!}ds.$$

(iv) On note $\bigwedge_k(\cdot,t)$ la solution du problème énoncé en (iii) lorsque :

$\varsigma_0 = \cdots = \varsigma_{k-1} = 0.$

Montrer que : $\forall k \in \mathbb{N}^*$, $\exists f \in H^k(a,b), \forall x \in [a,b]$

$$f(x) = T_{k-1}(x;f) + \int_a^b \frac{\partial^k \bigwedge_k(x,t)}{\partial t^k} f^{(k)}(t)dt.$$

Vérifier que : $\forall x,t \in [a,b]$, $\bigwedge_k(x,t) = \bigwedge_k(t,x)$.

Indications : (ii) Ici l'intégrale est une intégrale au sens de Lebesgue. Posons :

$$\forall x \in [a,b],\quad g(x) = T_{k-1}(x;f) + \int_a^x \frac{(x-t)^{k-1}}{\overline{k-1}!} f^{(k)}(t)dt$$

On vérifie facilement que :

$$\forall x \in [a,b],\quad g^{(k-1)}(x) = f^{(k-1)}(a) + \int_a^x f^{(k)}(t)dt$$

Par conséquent, $f^{(k)}$ est égal à la dérivée (généralisée) d'ordre k de g, c.à.d. $(f-g)^{(k)} = 0$ dans $L^2(a,b)$.

Il en résulte que : $f - g \in \mathcal{P}_{k-1}[a,b]$.

Comme $g^{(j)}(a) = f^{(j)}(a)$, $0 \leq j \leq k-1$, on a : $f = g$. $\|$

Soit $\{x_j; 0 \leq j \leq k-1\}$ une subdivision de $[a,b]$ telle que :

$a = x_0 < x_1 < \cdots < x_{k-1} = b.$

Posons : $\forall k \in \mathbb{N}^*$, $\forall x, t \in [a,b]$,

$$\Gamma_k(x,t) = \bigwedge_k(x,t) - \sum_{j=0}^{k-1} L_{j,k-1}(x) \cdot \bigwedge_k(x_j,t) - \sum_{l=0}^{k-1} L_{l,k-1}(t) \bigwedge_k(x,x_l) + \sum_{j,l=0}^{k-1} L_{j,k-1}(x) \cdot L_{l,k-1}(t) \bigwedge_k(x_j,x_l)$$

On vérifie facilement que :

Proposition 2.1 : Soit $k \in \mathbb{N}^*$

(i) $\forall x, t \in [a,b]$, $\Gamma_k(x,t) = \Gamma_k(t,x)$

et $\forall t \in [a,b]$, $\forall j \in \{0,1,\ldots,k-1\}, \Gamma_k(x_j,t) = 0$

(ii) $\forall x, t \in [a,b] \dfrac{\partial^k \Gamma_k(x,t)}{\partial t^k} = \dfrac{\partial^k \bigwedge_k(x,t)}{\partial t^k} - \sum_{j=0}^{k-1} L_{j,k-1}(x) \cdot \dfrac{\partial^k \bigwedge_k(x_j,t)}{\partial t^k}$

$$\forall t \in [a,b],\ \forall j \in \{0,1,\ldots,k-1\},\ \left|\frac{\partial^{k+j}\Gamma_k(x,t)}{\partial t^{k+j}}\right|_{x=a} = \left|\frac{\partial^{k+j}\Gamma_k(x,t)}{\partial t^{k+j}}\right|_{x=b} = 0$$

et

$$\forall f \in H^k(a,b),\quad \forall x \in [a,b],\quad f(x) = P_{k-1}(x;f) + \int_a^b \frac{\partial^k \Gamma_k(x,t)}{\partial t^k} f^{(k)}(t)dt$$

Preuve : (i) immédiate.
(ii) Si $j \in \{0,1,\ldots,(k-1)\}$, on a :

$$\frac{\partial^{k+j}\Gamma_k(x,t)}{\partial t^k} = \frac{(t-x)_+^{k-1-j}}{k-1-j!} - \sum_{q=0}^{k-1} L_{q,k-1}(x) \frac{(t-x_q)_+^{k-1-j}}{k-1-j!}$$

Le deuxième résultat annoncé se déduit des deux propriétés suivantes :

(*) $\forall x \in [a,b]$, $(a-x)_+^{k-1-j} = 0$ et $(a-x_q)_+^{k-1-j} = 0$

(**) $\forall t \in [a,b]$, $(t-a)^{k-1-j} - \sum_{j=0}^{k-1} L_{j,k-1}(a)(t-x_j)_+^{k-1-j} = 0$

Le troisième résultat s'obtient sans difficulté.||

Un idée naturelle pour améliorer l'approximation de f par son interpolant $P_{k-1}(\cdot;f) = \sum_{j=0}^{n} L_{j,k-1}(\cdot) \cdot f(x_j)$ consiste à "approcher" $\int_a^b \frac{\partial^k \Gamma_k(\cdot;t)}{\partial t^k} f^{(k)}(t)dt$ par une fonction de la forme : $\sum_{l=1}^{p} \mu_l \Gamma_k(\cdot; x_{k-1+l})$ où $\{x_{k-1+l}; 1 \leq l \leq p\}$ est une subdivision de $[a,b]$ distincte de

$\{x_j; 0 \leq j \leq k-1\}$ et telle que $a < x_k < x_{k+1} < \cdots < x_{k-1+p} < b$.

Supposons que la nouvelle subdivision obtenue en réunissant $\{x_j; 0 \leq j \leq k-1\}$ et $\{x_{k-k-1+l}; 1 \leq l \leq p\}$ que nous noterons $\{\overline{x}_i; 0 \leq i \leq k-1+p\}$ soit telle que : $a = \overline{x}_0 < \overline{x}_1 < \cdots < \overline{x}_{k-1+p} = b$ et posons :

$$\forall x \in [a,b], \quad \sigma(x) = P_{k-1}(x;f) + \sum_{l=1}^{p} \mu_l \Gamma_k(x, x_{k-1+l})$$

Alors, on vérifie facilement que :

(i) Sur chaque intervalle $[\overline{x}_i, \overline{x}_{i+1}]$, σ est un polynôme de degré inférieur ou égal à $2k-1$.

(ii) σ est continûment différentiable sur $[a,b]$ jusqu'à l'ordre $(2k-2)$.

(iii) $\sigma^{(j)}(a) = \sigma^{(j)}(b) = 0, \quad j \in \{k, \ldots, 2k-1\}$.

(iv) $\sigma(x_j) = f(x_j) \quad j \in \{0, 1, \ldots, (k-1)\}$.

Définition 2.2 : Soit $m, n \in \mathbb{N}^*$, $n \geq m$ et $\Delta = \{x_j; 0 \leq j \leq n\}$ une subdivision de $[a,b]$ telle que : $a = x_0 < \cdots < x_n = b$.

On désignera par $\mathcal{T}_{2m-1}([a,b];\Delta)$, l'ensemble des éléments σ de $S_{2m-1}([a,b];\Delta)$ tels que : $\sigma^{(j)}(a) = \sigma^{(j)}(b) = 0$, $m \leq j \leq 2m-1$.

$\mathcal{T}_{2m-1}([a,b];\Delta)$ est évidemment un sous-espace vectoriel de $S_{2m-1}([a,b];\Delta)$.

Proposition 2.2 : Les deux assertions suivantes sont équivalentes :

(i) $\sigma \in \mathcal{T}_{2m-1}([a,b];\Delta)$

(ii) $\forall x \in [a,b], \quad \sigma(x) = p_{m-1}(x) + \sum_{k=1}^{n-1} \gamma_k (x - x_k)_+^{2m-1}$
où γ_{m-1} est un polynôme de degré inférieur ou égal à $(m-1)$

et $\sum_{k=1}^{n-1}\gamma_k = \sum_{k=1}^{n-1}\gamma_k x_k = \cdots = \sum_{k=1}^{n-1}\gamma_k(x_k)^{m-1} = 0$

Il en résulte, en particulier, que $\mathcal{P}_{m-1}[a,b] \subset \mathcal{T}_{2m-1}([a,b];\Delta)$

Preuve : (i) $\longrightarrow$ (ii) Soit $\sigma \in \mathcal{T}_{2m-1}([a,b];\Delta)$.

Alors :

$$\forall x \in [a,b], \quad \sigma(x) = \sum_{i=0}^{2m-1} \lambda_i (b-x)^i + \sum_{k=1}^{n-1} \lambda_k (x-x_k)_+^{2m-1}$$

et

$$\sigma^{(j)}(a) = \sigma^{(j)}(b) = 0, \quad m \le j \le 2m-1$$

Mais :

$$(\sigma^{(j)}(a) = 0, \quad m \le j \le 2m-1)$$

$$\Longleftrightarrow \left(\sum_{k=j}^{2m-1} \lambda_k \frac{k!}{k-j!}(b-a)^{k-j} = 0, \quad m \le j \le 2m-1\right)$$

et

$$(\sigma^{(j)}(b) = 0, \quad m \le j \le 2m-1)$$

$$\Longleftrightarrow \left(\sum_{k=j}^{n-1} \lambda_k (b-x_k)^{2m-1-j} = 0, \quad m \le j \le 2m-1\right)$$

On en déduit que : $\lambda_j = 0, \quad m \le j \le 2m-1$ et que :

$$\sum_{k=1}^{n-1} \lambda_k = \sum_{k=1}^{n-1} \lambda_k (b-x_k) = \cdots = \sum_{k=1}^{n-1} \lambda_k (b-x_k)^{m-1} = 0$$

d'où :

$$\sum_{k=1}^{n-1} \lambda_k x_k = \sum_{k=1}^{n-1} \lambda_k x_k = \cdots = \sum_{k=1}^{n-1} \lambda_k x_k^{m-1} = 0$$

(ii) $\longrightarrow$ (i) Il suffit de vérifier que $\sigma^{(j)}(a) = \sigma^{(j)}(b) = 0, \quad m \le j \le 2m-1$ ce qui se déduit des équivalences établies ci-desusus.||

Corollaire 2.1 :

Quelle que soit $\sigma \in \mathcal{T}_{2m-1}([a,b];\Delta)$ on a :

(i) La restriction de σ à l'intervalle $[a, x_1]$ (resp. $[x_{n-1}, b]$ est un polynôme de degré inférieur ou égal à $(m-1)$.

(ii) $\sigma^{(m+j)}(x_1) = \sigma^{(m+j)}(x_{n-1}) = 0, \quad 0 \le j \le m-2.$

Preuve :

(i) $\forall x \in [a, x_1], \quad \sigma(x) = p_{m-1}(x)$
$\forall x \in [x_{n-1}, b], \quad \sigma^{(m)}(x) = \sum_{k=1}^{n-1} \gamma_k (x - x_k)^{m-1} = 0$

(ii) De (i) il résulte que :
$\forall x \in [a, x_1], \quad \forall x \in [x_{n-1}, b], \quad \sigma^{(m+j)}(x) = 0, \quad 0 \le j \le m-1.$
Comme $\sigma \in C^{2m-2}[a,b]$, on a donc le résultat annoncé. ||

Proposition 2.3 : Soit $f \in H^m(a,b)$ et $n \ge m+2$. Supposons qu'il existe $\sigma \in \mathcal{T}_{2m-1}([a,b];\Delta)$ telle que : $\sigma(x_j) = f(x_j), 1 \le j \le n-1$.

Alors : $\forall \tau \in \mathcal{T}_{2m-1}([a,b];\Delta), \quad \int_a^b [\sigma^{(m)}(x) - f^{(m)}(x)]\tau^{(m)}(x)dx = 0$

Preuve : Posons : $u = f - \sigma$. On a : $u(x_j) = 0, \quad 1 \le j \le n-1$.
Mais :

$$\begin{aligned}\int_a^b \tau^{(m)}(x) \cdot u^{(m)}(x)dx &= \int_{x_1}^{x_{n-1}} \tau^{(m)}(x) \cdot u^{(m)}(x)dx \\ &= \left[\sum_{j=0}^{m-2} (-1)^j u^{(m-1-j)}(x) \cdot \tau^{(m+j)}(x)\right]_{x=x_1}^{x=x_{n-1}} \\ &\quad + (-1)^m \int_{x_1}^{x_{n-1}} u'(x).\tau^{(2m-1)}(x)dx\end{aligned}$$

en intégrant par parties.

Comme $\tau^{(m+j)}(x_1) = \tau^{(m+j)}(x_{n-1}) = 0, \quad 0 \le j \le m-2$,
on déduit que :

$$\int_a^b \tau^{(m)} \cdot u^{(m)}(x)dx = (-1)^m \cdot \int_{x_1}^{x_{n-1}} u'(x) \cdot \tau^{(2m-1)}(x)dx.$$

Or, $\forall x \in [x_j; x_{j+1}], \quad \tau^{(2m-1)}(x) = c_j, \quad 1 \le j \le n-2$

Ainsi :

$$\begin{aligned}\int_a^b \tau^{(m)}(x) \cdot u^{(m)}(x)dx &= (-1)^m \cdot \left(\sum_{j=1}^{n-2} c_j \cdot \int_{x_j}^{x_{j+1}} u'(x)dx\right) \\ &= (-1)^m \cdot \left[\sum_{j=1}^{n-2} c_j \cdot (u(x_{j+1}) - u(x_j))\right] = 0. \ \|\end{aligned}$$

Théorème 2.1 : (Interpolation) *Supposons que* $n \ge m+2$.

(i) *Quel que soit* $(\alpha_1, \ldots, \alpha_{n-1}) \in \mathbb{R}^{n-1}$, *il existe un seul élément* $\tau \in \mathcal{T}_{2m-1}([a,b];\Delta)$ *tel que :* $\sigma(x_j) = \alpha_j, \quad 1 \le j \le n-1$.

(ii) *Quel que soit* $j \in \{1, \ldots, (n-1)\}$, *on note* σ_j, *l'élément de* $\mathcal{T}_{2m-1}([a,b];\Delta)$ *tel que :* $\sigma_j(x_k) = \delta_{jk}, \quad 1 \le j,k \le n-1$. *Alors, quel que soit* $(\alpha_1, \ldots, \alpha_{n-1}) \in \mathbb{R}^{n-1}$, $\sum_{j=1}^{n-1} \alpha_j \cdot \sigma_j$ *est le seul élément de* $\mathcal{T}_{2m-1}([a,b];\Delta)$ *tel que :* $\sigma(x_j) = \alpha_j, \quad 1 \le j \le n-1$.

Définition 2.3 : $\sigma_1, \ldots, \sigma_{n-1}$ sont appelées : fonctions "splines" de base de $\mathcal{T}_{2m-1}([a,b];\Delta)$ associées aux points $x_1, \ldots, x_{n-1}$.

Preuve du théorème 2.1 :

(i) Déterminer $\sigma \in \mathcal{T}_{2m-1}([a,b];\Delta)$ tel que $\sigma(x_j) = \alpha_j, \quad 1 \le j \le n-1$ est équivalent à déterminer $(\lambda_0, \ldots, \lambda_{m-1}, \gamma_1, \ldots, \gamma_{n-1})$ tels que :

$$\begin{cases} \sum_{j=0}^{m-1} \lambda_j (x_k)^j + \sum_{l=1}^{n-1} \gamma_l (x_k - x_l)_+^{2m-1} = \alpha_k & 1 \le k \le n-1 \\ \sum_{l=1}^{n-1} \gamma_l (x_l)^j = 0, & 1 \le j \le m-1 \end{cases}$$

Pour que ce système admette une solution et une seule solution, il faut et il suffit que le système homogène associé admette pour seule solution, la solution triviale ou ce qui est équivalent :

$$(\sigma(x_j) = 0, \quad 1 \le j \le n-1) \Longleftrightarrow (\forall x \in [a,b], \quad \sigma(x) = 0)$$

Or, $(\sigma(x_j) = 0, \quad 1 \le j \le n-1)$ implique (cf. proposition 2.3) que : $\int_a^b (\sigma^{(m)}(x))^2 dx = 0$.

Comme $\sigma^{(m)} \in C^0[a,b]$, on déduit que : $\sigma^{(m)} = 0$
d'où : $\sigma \in \mathcal{P}^{m-1}[a,b]$.
Mais, puisque, $\sigma(x_j) = 0, \quad 1 \le j \le n-1, \quad n \ge m+2$
alors $\sigma = 0$.

(ii) Résulte immédiatement de (i). ||

Théorème 2.2 (Minimisation)

Soit $f \in H^m(a,b)$ *et* $n \ge m+2$. *Notons* $\sigma(\cdot; f)$ *l'élément de* $\mathcal{T}_{2m-1}([a,b];\Delta)$ *qui interpole* f *aux points* $x_1, x_2, \ldots, x_{n-1}$. *Alors :*

(i) $\displaystyle\int_a^b (\sigma^{(m)}(x;f))^2 dx \le \int_a^b (f^{(m)}(x))^2 dx.$
L'inégalité est vraie si et seulement si : $\sigma = f$.

(ii) *Quelle que soit* $\tau \in \mathcal{T}_{2m-1}([a,b];\Delta)$,

$$\int_a^b [\sigma^{(m)}(x;f) - f^{(m)}(x)]^2 dx \leq \int_a^b [\tau^{(m)}(x) - f^{(m)}(x)]^2 dx$$

L'égalité a lieu si et seulement si : $\tau - \sigma \in \mathcal{P}_{m-1}[a,b]$.

Preuve :

(i) De la proposition 2.3, on déduit que :

$$\int_a^b f^{(m)}(x) \cdot \sigma^{(m)}(x;f) dx = -\int_a^b (\sigma^{(m)}(x;f))^2 dx$$

Il en résulte que :

$$\int_a^b (f^{(m)}(x))^2 dx - \int_a^b (\sigma^{(m)}(x;f))^2 dx = \int_a^b [f^{(m)}(x) - \sigma^{(m)}(x;f)]^2 dx \geq 0$$

(ii) De la proposition 2.3, on déduit que :

$$\int_a^b [\tau^{(m)}(x) - \sigma^{(m)}(x;f)] \cdot [\sigma^{(m)}(x;f) - f^{(m)}(x)] dx = 0$$

Il en résulte que :

$$\begin{aligned}\int_a^b [\tau^{(m)}(x) - f^{(m)}(x)]^2 &= \int_a^b [\tau^{(m)}(x) - \sigma^{(m)}(x;f) + \sigma^{(m)}(x;f) - f^{(m)}(x)]^2 dx \\ &= \int_a^b [\tau^{(m)}(x) - \sigma^{(m)}(x;f)]^2 dx \\ &\quad + \int_a^b [\sigma^{(m)}(x;f) - f^{(m)}(x)]^2 dx \geq 0 \;\|\end{aligned}$$

CHAPITRE III

Représentation approchée de fonctionnelles linéaires

En nous appuyant sur l'étude faite aux chapitres I et II nous allons, maintenant, nous intéresser au problème suivant: $\big([a,b]$ étant un intervalle de $\mathbb{R}$,$\big)$ comment obtenir une bonne approximation de l'intégrale d'une fonction f continue sur $[a,b]$ (resp. de la dérivée en un point $x \in [a,b]$ d'une fonction f dérivable sur $[a,b]$) lorsqu'on ne connait que les valeurs de f aux points d'une subdivision finie Δ de $[a,b]$?

Nous aborderons ce problème d'un point de vue assez général en introduisant la notion de fonctionnelle linéaire.

Définition 0.1. : Soit $[a,b]$ un intervalle de $\mathbb{R}$ et $\mathcal{E}$ un sous-espace vectoriel de $\mathbb{R}^{[a,b]}$. On appelle fonctionnelle linéaire (ou forme linéaire) sur $\mathcal{E}$ une application linéaire de $\mathcal{E}$ dans $\mathbb{R}$.

Exercice 0.1. : On suppose que : $\mathcal{E} = \mathbb{R}^{[a,b]}$. Soit $x_0 \in [a,b]$. Montrer que l'application : $\left| \begin{array}{l} \mathcal{E} \longmapsto \mathbb{R} \\ f \longmapsto f(x_0) \end{array} \right.$ est une fonctionnelle linéaire.

Exercice 0.2. : On suppose que : $\mathcal{E} = C^0[a,b]$. Montrer que l'application : $\left| \begin{array}{l} \mathcal{E} \longmapsto \mathbb{R} \\ \\ f \longmapsto \int_a^b f(x)dx \end{array} \right.$ est une fonctionnelle linéaire.

Exercice 0.3. : On suppose que : $\mathcal{E} = C^1[a,b]$. Soit $x_0 \in [a,b]$. Montrer que l'application : $\left| \begin{array}{l} \mathcal{E} \longmapsto \mathbb{R} \\ f \longmapsto f'(x_0) \end{array} \right.$ est une fonctionnelle linéaire.

Définition 0.2. : $\mathcal{E}$ désignant un sous-espace vectoriel de $\mathbb{R}^{[a,b]}$ on notera $\mathcal{E}^*$, l'ensemble des fonctionnelles linéaires définies sur $\mathcal{E}$.

Etant donné un point quelconque $x \in [a,b]$, on notera δ_x la fonctionnelle linéaire sur $\mathbb{R}^{[a,b]}$ telle que :

$$\forall f \in \mathbb{R}^{[a,b]} \quad , \quad \delta_x(f) = f(x).$$

Exercice 0.4. : Montrer que $\mathcal{E}^*$ est un espace vectoriel sur $\mathbb{R}$.

Problème dual de l'interpolation

Soit $[a,b]$ un intervalle de $\mathbb{R}$ et $\Delta = \{x_j\,;\, 0 \leq j \leq n\}$ une subdivision de $[a,b]$ telle que : $a = x_0 < x_1 < \cdots < x_n = b.$

Soit $\mathcal{E}$ un sous-espace vectoriel de $\mathbb{R}^{[a,b]}$ et $l \in \mathcal{E}^*$. Supposons que, quelle que soit $f \in \mathcal{E}$, on connaisse $f(x_0) = \delta_{x_0}(f), \ldots, f(x_n) = \delta_{x_n}(f)$.

Il est naturel de rechercher un bon approximant de l parmi les fonctionnelles linéaires sur $\mathbb{R}^{[a,b]}$ de la forme : $\sum_{k=0}^{n} \alpha_k \delta_{x_k}$.

On appellera, problème dual de l'interpolation, le problème suivant :

> $\mathcal{F}$ étant un sous-espace vectoriel de $\mathcal{E}$, convenablement choisi, dont la dimension est finie, trouver $\alpha_0, \ldots, \alpha_n \in \mathbb{R}$ tels que :
>
> $$\forall f \in \mathcal{F}, \quad l(f) = \sum_{k=0}^{n} \alpha_k \delta_{x_k}(f) = \sum_{k=0}^{n} \alpha_k f(x_k)$$

On dira alors que $\sum_{k=0}^{n} \alpha_k \delta_{x_k}$ est une **représentation exacte de l** (ou représente exactement l) **sur $\mathcal{F}$**.

1. Représentations exactes sur $P_n[a,b]$, $n \in \mathbb{N}$.

Dans ce paragraphe, on supposera que : $P_n[a,b] \subset \mathcal{E}$.

Toute $f \in \mathcal{E}$ peut s'écrire, alors, sous la forme :
$f = P_n(\cdot\,;f) + E_n(\cdot\,;f)$ $(P_n(\cdot\,;f)$ et $E_n(\cdot\,;f)$ ayant été définis au chapitre I).

Proposition 1.1. : Soit $l \in \mathcal{E}^*$.

Pour que : $\sum_{k=0}^{n} \alpha_k \delta_{x_k}$ soit une représentation exacte de l sur $P_n[a,b]$, il faut et il suffit que : $\forall k \in \{0, \ldots, n\},\ \alpha_k = l(L_{k,n})$.

Dans ces conditions : $\forall f \in \mathcal{E},\quad l(f) - \sum_{k=0}^{n} \alpha_k f(x_k) = l\big[E_n(\cdot\,; f)\big].$

Preuve : On sait que $\{L_{k,n};\ 0 \le k \le n\}$ est une base de $P_n[a,b]$. Il en résulte que :

$$\Big(\forall p \in P_n[a,b], \qquad l(p) = \sum_{k=0}^{n} \alpha_k p(x_k)\Big)$$

$$\iff \Big(\forall j \in \{0,\ldots,n\}, \qquad l(L_{j,n}) = \sum_{k=0}^{n} \alpha_k L_{j,n}(x_k) = \alpha_j\Big)$$

De plus :

$$\begin{aligned} l(f) - \sum_{k=0}^{n} \alpha_k f(x_k) &= \Big(l - \sum_{k=0}^{n} \alpha_k \delta_{x_k}\Big)\Big(P_n(\cdot\,; f) + E_n(\cdot\,; f)\Big) \\ &= \Big(l - \sum_{k=0}^{n} \alpha_k \delta_{x_k}\Big) E_n(\cdot\,; f) \\ &= l\big[E_n(\cdot\,; f)\big] \quad \text{car} \quad E_n(x_k\,; f) = 0 \ ,\ 0 \le k \le n. \quad \| \end{aligned}$$

Application 1.1. : Formules de dérivation approchée exactes sur $P_n[a,b]$.

(*) On suppose que : $\mathcal{E} = C^q[a,b]$, $q \in \mathbb{N}$ et $l(f) = f^{(q)}(z_0)$, $z_0 \in [a,b]$
Alors : $\alpha_k = L_{k,n}^{(q)}(z_0)$, $0 \le k \le n$.

(**) *Evaluation de l'erreur :*

$$\forall f \in \mathcal{E} \qquad , \qquad l(f) - \sum_{k=0}^{n} \alpha_k f(x_k) = E_n^{(q)}(z_0\,; f).$$

Supposons, maintenant, que : $f \in C^{n+1}[a,b]$, $n \in \mathbb{N}$, $n+1 \ge q$.
Alors : $E_n^{(q)} \in C^{n+1-q}[a,b]$.
Puisque E_n s'annule en $x_0, x_1, \ldots, x_n$, on déduit du Théorème de Rolle appliqué q fois que $E_n^{(q)}$ s'annule en des points $y_0, y_1, \ldots, y_{n-q}$ tels que :

$$x_j < y_j < x_{j+q} \qquad 0 \le j \le n-q$$

Donc, $P_n^{(q)}(\cdot\,; f)$ est le polynôme de degré inférieur ou égal à $n-q$ qui interpole $f^{(q)}$ aux points $y_0, \ldots, y_{n-q}$.

On déduit de l'évaluation de l'erreur d'interpolation faite au chapitre I que :

Si $f \in C^{n+1}[a,b]$, $n+1 \geq q$, alors :

$$l(f) - \sum_{k=0}^{n} \alpha_k f(x_k) = \frac{(x-y_0)\cdots(x-y_{n-q})}{n+1-q!} f^{(n+1)}(\xi(x))$$

où $\xi(x) \in]a,b[$

Si $f \in H^{n+1}[a,b]$, $n \geq q$, alors :

$$l(f) - \sum_{k=0}^{n} \alpha_k f(x_k) = (x-y_0)\cdots(x-y_{n-q}). \int_a^b M_{n,q}(x,t) f^{(n+1)}(t)dt$$

où : $\forall x, t \in [a,b]$, $M_{n,q}(x,t) = [y_0, \cdots, y_{n-q}, x]K_{n-q}(\cdot\,; t)$.

***Exercice* 1.1.** : On pose :

$$\bigwedge_{j,n}(x) = (x-x_0)\cdots(x-x_{j-1})(x-x_{j+1})\cdots(x-x_n)$$

pour tout $x \in [a,b]$ et pour tout $j \in \{0,\ldots,n\}$.
Montrer que :

$$L'_{k,n}(x_j) = \begin{cases} \displaystyle\sum_{i=0\,,\,i\neq k}^{n} \frac{1}{x_k - x_i} & \text{si } j = k \\ \displaystyle\frac{\bigwedge_{j,n}(x_j)}{\bigwedge_{k,n}(x_k)} \frac{1}{x_k - x_j} & \text{si } j \neq k \end{cases} \qquad \text{quand } 0 \leq j \leq n$$

Application 1.2. :

Formules d'intégration approchée exacte sur $P_n[a,b]$.

(*) On suppose que : $\mathcal{E} = C^0[a,b]$ et que :

$$\forall f \in \mathcal{E}, \qquad l(f) = \int_a^b f(x).\omega(x)dx \qquad \text{où} \qquad \omega \in C^0[a,b].$$

Alors : $\alpha_k = \displaystyle\int_a^b L_{k,n}(x)\omega(x)dx.$

(**) *Evaluation de l'erreur :*

$$\forall f \in \mathcal{E}, \qquad l(f) - \sum_{k=0}^{n} \alpha_k f(x_k) = \int_a^b E_n(x\,;\,f)\omega(x)dx$$

Du chapitre I, on déduit facilement que :

Si $f \in C^{n+1}[a,b]$, $n \in \mathbb{N}$, alors :

$$\left|l(f) - \sum_{k=0}^{n} \alpha_k f(x_k)\right| \leq$$

$$\sup\left\{\left|f^{(n+1)}(x)\right| ; x \in [a,b]\right\} \cdot \frac{1}{\overline{n+1}!} \cdot \int_a^b |L_{n+1}(x)|\omega(x)dx$$

Si $f \in H^{n+1}[a,b]$, $n \in \mathbb{N}$, alors :

$$\left|l(f) - \sum_{k=0}^{n} \alpha_k f(x_k)\right| \leq$$

$$\left(\int_a^b \left|f^{(n+1)}(t)\right|^2 dt\right)^{1/2} \cdot \left(\int_a^b \left|\int_a^b L_{n+1}(x) \cdot M_n(x\,,\,t)\omega(x)dx\right|^2 dt\right)^{1/2}$$

(***) *Les formules de Newton-Cotes.*

On suppose que : $\forall x \in [a,b]$, $\omega(x) = 1$ et que :

$$x_0 = a \ , \ x_n = b \ , \ x_{j+1} - x_j = \frac{b-a}{n} = h \ , \ 0 \leq j \leq n-1.$$

On pose : $\forall j \in \{0,\ldots,n\}$, $A_{j,n} = \int_a^b L_{j,n}(x)dx.$

Proposition 1.2. :

(i) $\forall j \in \{0,\ldots,n\}$, $A_{j,n} = \dfrac{(-1)^{n-j}}{j!\,\overline{n-j}!} \cdot h \displaystyle\int_0^n \Big[\prod_{k=0,k\neq j}^{n} (y-k)\Big]dy.$

(ii) $\forall j \in \{0,\ldots,n\}$, $A_{j,n} = A_{n-j,n}.$

Preuve :

(i) Posons : $\forall x \in [a,b]$, $y = \dfrac{x-a}{h}$
Alors : $x - x_j = (y-j)h$ et $x_j - x_k = (j-k)h$.
On en déduit facilement que :

$$L_{j,n}(x) = \frac{(-1)^{n-j}}{j!\,\overline{n-j}!}\left(\prod_{k=0,k\neq j}^{n}(y-k)\right)$$

d'où le résultat annoncé.

(ii) $A_{j,n} = h\,\dfrac{(-1)^{n-j}}{j!\,\overline{n-j}!}\displaystyle\int_n^0 \prod_{k=0,k\neq j}(k-z)(-1)dz$
après avoir effectué le changement de variable : $z = n - y$.
On en déduit immédiatement que : $A_{j,n} = A_{n-j,n}$. ||

On démontre et nous admettrons la

Proposition 1.3. :

(i) Si n est un nombre entier *impair* et si $f \in C^{n+1}[a,b]$, alors :

$$\int_a^b f(t)dt - \sum_{k=0}^{n} A_{k,n}f(x_k) = \frac{h^{n+2}}{\overline{n+1}!}\cdot f^{(n+1)}(\xi)\cdot\int_a^b L_{n+1}(x)dx$$

où $\xi \in]a,b[$ et l'intégrale au second membre est négative.

(ii) Si n est un nombre entier *pair* et si $f \in C^{n+2}[a,b]$, alors :

$$\int_a^b f(t)dt - \sum_{k=0}^{n} A_{k,n}f(x_k) = \frac{h^{n+3}}{\overline{n+2}!}\cdot f^{(n+2)}(\xi)\cdot\int_a^b xL_{n+1}(x)dx$$

où $\xi \in]a,b[$ et l'intégrale au second membre est négative.

Remarque 1.1. : Si n est pair la formule d'intégration approchée de Newton-Cotes est exacte pour les polynômes de degré inférieur ou égal à $(n+1)$.

Exemple 1.1 : Formule des trapèzes

On suppose que : $\boxed{n=1}$. Alors $A_{0,1} = A_{1,1} = \dfrac{b-a}{2}$ et $\forall f \in C^2[a,b]$

$$\int_a^b f(t)dt = \frac{b-a}{2}[f(a)+f(b)] - \frac{h^3}{12}f''(\xi), \qquad \xi \in]a,b[$$

Exemple 1.2 : Formule de Simpson

On suppose que : $\boxed{n=2}$. Alors $A_{0,2} = A_{2,2} = \dfrac{b-a}{6}$, $A_{12} = 4\,\dfrac{b-a}{6}$

et $\forall f \in C^4[a,b]$

$$\int_a^b f(t)dt = \frac{b-a}{6}\left[f(a) + 4f(\frac{a+b}{2}) + f(b)\right] - \frac{h^5}{90}f^{(4)}(\xi), \qquad \xi \in]a,b[$$

Exercice 1.2 : Prouver la proposition 1.3 dans les deux exemples précédents.

2.Représentations exactes sur $S_m([a,b];\Delta)$

Soit $m, n \in \mathbb{N}^*$. On désigne par $\Delta = \{a_k;\ 0 \leq k \leq q\}$ une subdivision de $[a,b]$ telle que : $a = a_0 < a_1 < \cdots < a_q = b$ et par $\{x_{j,k};\ 0 \leq j \leq m\}$, $0 \leq k \leq q-1$, une subdivision de $[a_k, a_{k+1}]$ telle que :

$$a_k = x_{0,k} < x_{1,k} < \cdots < x_{m,k} = a_{k+1}.$$

On suppose que : $\mathcal{E} \supset S_m([a,b];\Delta)$.

Exercice 2.1 : Posons : $r = 1+(m\times q)$ et notons $\widetilde{\Delta} = \{y_i;\ 0 \leq i \leq r\}$ la subdivision de $[a,b]$ obtenue en réunissant les subdivisions (a_k) et $(x_{j,k})$, telle que : $a = y_0 < y_1 < \cdots < y_r = b$. On pose :

$$\forall x \in [a,b],\ e_j(x) = x^j,\ 0 \leq j \leq m \text{ et } E_k(x) = (x-a_k)_+^m,\ 1 \leq k \leq q-1$$

Montrer que $\sum_{p=0}^{r} \alpha_p \delta_{y_p}$ représente exactement la fonctionnelle $l \in \mathcal{E}^*$ sur $S_m([a,b];\Delta)$ si et seulement si :

$$\begin{cases} l(e_j) - \sum_{p=0}^{r} \alpha_p\, e_j(y_p) = 0 & , \quad 0 \leq j \leq m \\ l(E_k) - \sum_{p=0}^{r} \alpha_p\, E_k(y_p) = 0 & , \quad 0 \leq k \leq (q-1) \end{cases}$$

On notera que le système linéaire ci-dessus est un système qui comporte, en général, plus d'inconnues que d'équations.

Application 2.1. : Formules d'intégration approchée exactes sur $S_m([a,b];\Delta)$: Formules composites.

On suppose que $\mathcal{E} = C^0[a,b]$, et que :

$$\forall f \in \mathcal{E} \quad l(f) = \int_a^b f(x)\,\omega(x)\,dx \quad \text{où} \quad \omega \in C^0[a,b].$$

On pose : $A_{j,m}^k = \int_{a_k}^{a_{k+1}} L_{j,m}^k(x)\,\omega(x)\,dx$ où $L_{j,m}^k$ est l'interpolant de base de Lagrange relatif à l'intervalle $[a_k, a_{k+1}]$ et aux points de subdivision : $x_{0,k}, x_{1,k}, \ldots, x_{m,k}$.

Proposition 2.1. : l est représentée exactement sur $S_m([a,b]\,;\,\Delta)$ par la fonctionnelle : $\sum_{k=0}^{q-1}\sum_{j=0}^{m} A_{j,m}^k\,\delta_{x_{j,k}}$ qu'on appelle **formule composite** d'intégration approchée.

Preuve : Résulte de la propriété suivante :

$$\forall p \in \mathcal{P}_m\left[a_k,\, a_{k+1}\right]\,; \quad \sum_{j=0}^{m} A_{j,m}^k\, p(x_{j,k}) \;=\; \int_{a_k}^{a_{k+1}} p(t)\,dt\,, \quad 0 \le k \le q-1. \;\;\|$$

Exemple 2.1 : Formule des trapèzes

On suppose que : $a_k = a + kh$, $0 \le k \le q$

et que : $A_{0,1}^k \;=\; A_{1,1}^k \;=\; \dfrac{a_{k+1}-a_k}{2} = \dfrac{h}{2}$. Alors :

$$\forall f \in C^2[A,b]\,, \quad \int_{a_k}^{a_{k+1}} f(t)\,dt \;=\; \frac{h}{2}\left[f(a_k)+f(a_{k+1})\right] \;-\; \frac{h^3}{12}\, f''(\xi_k),$$

où $\xi_k \in \left[a_k,\, a_{k+1}\right]$, $0 \le k \le q-1$. Donc :

$$\int_a^b f(t)\,dt \;=\; \sum_{k=0}^{q-1} \frac{h}{2}\left[f(a_k)+f(a_{k+1}\right] \;-\; \frac{h^3}{12}\sum_{k=0}^{q-1} f''(\xi_k).$$

Or $\dfrac{1}{b-a}\left(\sum_{k=0}^{q-1} h\cdot f''(\xi_k)\right)$ est le barycentre des points $f''(\xi_k)$ munis des poids $\dfrac{1}{q}$.

Comme $f'' \in C^0[a,b]$, $\mathrm{Im}(f'')$ est un intervalle compact $[\alpha,\beta]$ de $\mathbb{R}$. Il en résulte que : $h\left(\sum_{k=0}^{q-1} f''(\xi_k)\right) \;=\; (b-a)\,f''(\xi), \quad \xi \in [a,b]$.

Par conséquent :

$$\forall f \in C^2[a,b], \quad \exists \xi \in [a,b] \;\text{ tel que :}$$

$$\int_a^b f(t)\,dt = h\left\{\frac{f(a)}{2} + f(a+h) + \cdots + f\big(a+(q-1)h\big) + \frac{f(b)}{2}\right\} - \frac{(b-a)^3}{12q^2}\, f''(\xi).$$

Exemple 2.2 : Formule de Simpson

On suppose que : $a_k = a + kh$, $0 \leq k \leq q$ où q est *pair* et que :

$$A_{0,2}^k = A_{2,2}^k = \frac{a_{k+1} - a_k}{6} = \frac{h}{6} \quad , \quad A_{1,2}^k = 4\,\frac{a_{k+1} - a_k}{6} = 4\,\frac{h}{6}$$

On en déduit, comme ci-dessus, que :

$$\forall f \in C^4[a,b], \quad \exists \xi \in [a,b] \text{ tel que :}$$

$$\begin{aligned} \int_a^b f(t)\,dt &= \frac{h}{3}\{f(a) + 4f(a+h) + 2f(a+2h) + \cdots \\ &\quad + 4f\big(a + (2k+1)h\big) + 2f(a+2kh) + \cdots \\ &\quad + 2f\big(a + (m-2)h\big) + 4f\big(a + (q-1)h\big) + f(b)\} \\ &\quad - \frac{(b-a)^5}{90\,q^4}\, f^{(4)}(\xi) \end{aligned}$$

3. Représentation exactes sur $\mathcal{T}_{2m+1}\big([a,b];\Delta\big)$

On désigne par $\Delta = \{x_j \,;\, 0 \leq j \leq n\}$ une subdivision de $[a,b]$ telle que : $a = x_0 < x_1 < \cdots < x_n = b$.

On suppose que : $\mathcal{E} \supset \mathcal{T}_{2m-1}\big([a,b];\Delta\big)$ et que : $n \geq m+1$.

On rappelle qu'alors : $\mathcal{T}_{2m-1}\big([a,b];\Delta\big)$ admet une base composée des vecteurs $\sigma_1, \ldots, \sigma_{n-1}$ tels que : $\sigma_j(x_k) = \delta_{jk}$, $0 \leq j,k \leq n$.

Proposition 3.1. : Soit $l \in \mathcal{E}^*$.

Pour que $\sum_{k=1}^{n-1} \alpha_k\, \delta_{x_k}$ soit une représentation exacte de l sur $\mathcal{T}_{2m-1}\big([a,b];\Delta\big)$, il faut et il suffit que :

$$\alpha_k = l(\sigma_k)\ , \quad 1 \leq k \leq n-1.$$

(Alors, $\sum_{k=1}^{n-1} \alpha_k\, \delta_{x_k}$ représente exactement l sur $\mathcal{P}_{m-1}[a,b]$).

Preuve : immédiate. $\|$

On démontre et nous admettrons les propositions suivantes:

Proposition 3.2. : Soit $m \in N$.
$H^m(a,b)$ est un espace de Hilbert si on le munit du produit scalaire :

$$(x,y) \mapsto (x|y)_m = \sum_{j=0}^{m} \int_a^b x^{(j)}(t) \cdot y^{(j)}(t)\, dt.$$

Proposition 3.3. : Soit $m \in \mathbb{N}^*$. Supposons que $\mathcal{E} \supset H^m(a,b)$.
Soit l une fonctionnelle linéaire et **continue** sur l'espace de Hilbert $H^m(a,b)$, et $\sum_{k=1}^{n-1} \alpha_k \, \delta_{x_k}$ une représentation exacte de l sur $\mathcal{P}_{m-1}[a,b]$ $(n \geq m+1)$.
Alors :

(i) $\forall \alpha = (\alpha_1, \ldots, \alpha_{n-1}) \in \mathbb{R}^{n-1}$, $\exists G(\cdot\,; \alpha) \in L^2(a,b)$ tel que :

$$\forall f \in H^m(a,b)\ ,\ l(f) - \sum_{k=1}^{n-1} \alpha_k \, f(x_k) = \int_a^b G(t;\alpha)\, f^{(m)}(t)\, dt$$

(ii) La fonctionnelle (quadratique) :
$\alpha \longmapsto \int_a^b \left(G(t;\alpha)\right)^2 dt$ atteint son minimum lorsque :

$$\alpha_k = l(\sigma_k)\,,\ 1 \leq k \leq n-1.$$

CHAPITRE IV

Approximation polynomiale aux moindres carrés

1. Le problème discret

On suppose qu'un phénomène physique liant deux variables x et y est représenté sur l'intervalle $[a, b]$ par la loi :

$$x \mapsto f(x) = \sum_{j=0}^{m} \alpha_j\, x^j \qquad \alpha_j \in \mathbb{R},\ 0 \le j \le m.$$

On veut déterminer les coefficients α_j caractérisant cette loi au moyen de $(n+1)$ données expérimentales **erronées** $(x_0, y_0) \cdots (x_n, y_n)$ sachant que $n > m$ et $a \le x_0 < x_1 < \cdots < x_n \le b$.

La méthode des moindres carrés discrets consiste à déterminer les coefficients α_j, $0 \le j \le m$ en résolvant le problème de minimisation suivant :

$$\mathcal{P}_0 : \quad \operatorname{Inf} \left\{ \sum_{k=0}^{n} \left[y_k - \sum_{j=0}^{m} \alpha_j \cdot (x_k)^j \right]^2 ;\ \alpha_0, \ldots, \alpha_m \in \mathbb{R} \right\}$$

Proposition 1.1. : Avec les hypothèses faites ci-dessus, le problème $\mathcal{P}_0$ admet une seule solution que l'on obtient en résolvant le système linéaire :

$$\sum_{j=0}^{m} \left(\sum_{i=0}^{n} (x_i)^j \cdot (x_i)^k \right) \alpha_j = \sum_{i=0}^{n} y_i\, x_i^k \quad 0 \le k \le m.$$

Preuve : Posons :

$$F(\alpha_0, \ldots, \alpha_m) = \sum_{k=0}^{n} \left[y_k - \sum_{j=0}^{m} \alpha_j (x_k)^j \right]^2$$

F est une fonctionnelle convexe quadratique (indéfiniment) différentiable sur $\mathbb{R}^n$. Tout minimum de F est solution du système linéaire de $(m+1)$ équations à $(m+1)$ inconnues :

$$\frac{1}{2} \frac{\partial F}{\partial \alpha_k}(\alpha_0, \ldots, \alpha_m) = \sum_{i=0}^{n} \left[y_i - \sum_{j=0}^{m} \alpha_j (x_i)^j \right] (x_i)^k = 0, \quad 0 \leq k \leq m.$$

Ce système a une seule solution car les lignes (ou les colonnes) de sa matrice associée sont linéairement indépendantes.||

Remarque 1.1. : La résolution numérique du problème aux moindres carrés discrets donne de bons résultats si m est petit.

Remarque 1.2. : La méthode des moindres carrés a une interprétation statistique.

2. Le problème continu

On suppose dans ce paragraphe que $-\infty \leq a < b \leq +\infty$.

Dans la suite, on désignera par (a, b) l'intervalle $[a, b]$ si a, $b \in \mathbb{R}$, ou bien l'intervalle $]-\infty, b]$ si $a = -\infty$, $b \in \mathbb{R}$, etc.

Soit ω une fonction définie, continue, strictement positive sur $]a, b[$. On pose :

$$\mathcal{E}_\omega(a, b) = \left\{ f \in C^0(a, b) \, ; \int_a^b |f(t)|^2 \omega(t) dt < +\infty \right\}$$

On vérifie facilement que $\mathcal{E}_\omega(a, b)$ est un espace **préhilbertien** si on le munit du produit scalaire :

$$(f, g) \mapsto (f|g) = \int_a^b f(t) \cdot g(t) \cdot \omega(t) dt.$$

On posera : $\forall f \in \mathcal{E}_\omega(a, b), \quad \| f \| = [(f|f)]^{\frac{1}{2}}$.

On pose : $\forall n \in \mathbb{N}$, $\forall t \in (a, b)$, $e_n(t) = t^n$, et on suppose que : $\forall n \in \mathbb{N}$, $e_n \in \mathcal{E}_\omega(a, b)$.

Le problème continu de l'approximation polynomiale aux moindres carrés – qui généralise le problème discret – s'énonce ainsi :

$\mathcal{P}_1$: m étant un entier, non négatif, donné, résoudre :

$$\operatorname{Inf}\left\{\int_a^b |f(t)-p(t)|^2\,\omega(t)dt\ ;\ p\in \mathcal{P}_m(a,b)\right\}$$

Lemme 2.1. : Il existe $p_0, p_1, \ldots, p_m \in \mathcal{P}_m(a,b)$ tels que :

$$(p_j|p_k)=\delta_{jk}\ ,\qquad 0\le j,k\le m$$

Preuve : On utilise le **le procédé d'orthonormalisation de Schmidt.** ||

Proposition 2.1. : Le problème $\mathcal{P}_1$ admet une **seule** solution qui est le polynôme $\sum_{j=0}^{m}(f|p_j)p_j$.

Preuve :

* Posons :

$$F(\alpha_0,\ldots,\alpha_m)=\int_a^b |f(t)-\sum_{j=0}^{m}\alpha_j e_j(t)|^2\,\omega(t)dt \quad \text{où} \quad \alpha_j\in\mathbb{R},\ 0\le j\le m.$$

Le problème $\mathcal{P}_1$ est équivalent au problème :

$$\mathcal{P}_2\ :\ \operatorname{Inf}\{F(\alpha_0,\ldots,\alpha_m)\ ;\ \alpha_0,\ldots,\alpha_m\in\mathbb{R}\}.$$

F est une fonctionnelle continue, quadratique, (indéfiniment) differentiable.

Toute solution de $\mathcal{P}_2$ est solution du système linéaire de $(m+1)$ équations à $(m+1)$ inconnues :

$$\frac{1}{2}\frac{\partial F}{\partial\alpha_k}(\alpha_0,\ldots,\alpha_m)=\sum_{j=0}^{m}\alpha_j(e_j|e_k)-(f|e_k)=0 \qquad 0\le k\le m.$$

Or, les vecteurs $e_0, e_1, \ldots, e_m$ forment un système libre dans $\mathcal{E}_\omega(a,b)$, comme on le vérifie facilement.

Il en résulte que le système linéaire ci-dessus admet une solution et une seule.

** Tout élément $p\in\mathcal{P}_m(a,b)$ peut s'écrire sous la forme : $p=\sum_{j=0}^{m}\beta_j p_j$.

Alors :

$$\int_a^b |f(t) - p(t)|^2 \omega(t)\, dt = \| f - \sum_{j=0}^{m} \beta_j\, p_j \|^2$$

$$= \| f \|^2 - 2 \sum_{j=0}^{m} \beta_j (f|p_j) + \sum_{j=0}^{m} \beta_j^2 := G(\beta_0, \ldots, \beta_m).$$

Comme, ci-dessus, on peut montrer que G atteint son minimum lorsque :

$$\frac{1}{2} \frac{\partial G}{\partial \beta_k}(\beta_0, \ldots, \beta_m) = \beta_k - (f|p_k) = 0, \quad 0 \leq k \leq m.$$

D'où le résultat annoncé.||

3. Propriétés des polynômes orthogonaux

Nous utiliserons, dans ce paragraphe, les mêmes hypothèses et notations qu'au paragraphe 2.

Il est facile de vérifier que le procédé d'orthonormalisation de Schmidt permet d'associer à la suite (e_n) une suite (h_n) de polynômes orthogonaux telle que :
quel que soit $n \in \mathbb{N}$, $(h_0, h_1, \ldots, h_n)$ est une **base** de $P_n(a, b)$.

Proposition 3.1. : (Relation de récurrence à trois termes)

$$\forall n \in \mathbb{N}^*, \quad e_1 \cdot h_n = \alpha_{n+1}^n\, h_{n+1} + \alpha_n^n h_n + \alpha_{n-1}^n\, h_{n-1}$$

où : $\alpha_j^n = (e_1 \cdot h_n | h_j), \quad 0 \leq j \leq n+1$ **et** $\alpha_{n+1}^n \neq 0$.

Preuve : Puisque $e_1 \cdot h_n$ est un élément de $\mathcal{P}_{n+1}[a, b]$, on a :

$$e_1 \cdot h_n = \sum_{j=0}^{n+1} \alpha_j^n h_j \quad \text{où} \quad \alpha_j^n = (e_1 \cdot h_n | h_j), \quad 0 \leq j \leq n+1$$

Or, $\forall j \in \{0, 1, \ldots, (n-2)\}, \quad (e_1 \cdot h_n | h_j) = (h_n | e_1 \cdot h_j) = 0.$

Donc : $e_1\, h_n = \alpha_{n+1}^n\, h_{n+1} + \alpha_n^n\, h_n + \alpha_{n-1}^n\, h_{n-1}$

On notera que : $\alpha_{n+1}^n \neq 0$ car le degré de $e_1 \cdot h_n$ est (n+1).||

Exercice 3.1. : **Racines des polynômes orthogonaux.**

(i) Quel que soit $n \in N^*$, toutes les racines de h_n sont réelles, distinctes et contenues dans l'intervalle $]a, b[$.

(ii) Quel que soit $n \in N^*$, h_n et h_{n-1} n'ont pas de racine commune.

(iii) Supposons que :

$$\forall n \in \mathbb{N}^*, \quad h_n = e_n + p, \quad p \in \mathcal{P}_{n-1}(a,b)$$

Alors : quels que soient $n \in \mathbb{N}^*$ et ξ racine de h_n, on a :

$$h_{n+1}(\xi) \cdot h_{n-1}(\xi) < 0$$

Exemples de polynômes orthogonaux

polynômes de Legendre : $a = 1$, $b = -1$, $\forall x \in [-1, 1]$, $\omega(x) = 1$.

polynômes de Laguerre : $a = 0$, $b = +\infty$, $\forall x \in [0, +\infty[$, $\omega(x) = e^{-x}$.

polynômes de Tchebycheff :

$$\begin{cases} \text{de } \textbf{1ère espèce} : & a = -1, \quad b = 1, \quad \forall x \in]-1, 1[, \quad \omega(x) = \dfrac{1}{\sqrt{1-x^2}} \\ \text{de } \textbf{2ème espèce} : & a = -1, \quad b = 1, \quad \forall x \in [-1, 1], \quad \omega(x) = \sqrt{1-x^2} \end{cases}$$

polynômes d'Hermite : $a = -\infty$, $b = +\infty$, $\forall x \in \mathbb{R}$, $\omega(x) = e^{-x^2}$.

4. Formules d'intégration approchée de Gauss

Nous utiliserons, dans ce paragraphe, les mêmes hypothèses et notations qu'aux paragraphes 2 et 3.

On désigne par l la fonctionnelle linéaire sur $\mathcal{E}_\omega(a,b)$ telle que :

$$\forall f \in \mathcal{E}_\omega(a,b), \quad l(f) = \int_a^b f(t) \cdot \omega(t)\, dt.$$

Posons : $\forall j \in \{0, \dots, n\}$, $\quad A_{j,n}(\omega) = \displaystyle\int_a^b L_{j,n}(t)\, \omega(t)\, dt.$

Alors la fonctionnelle : $\displaystyle\sum_{j=0}^{n} A_{j,n}(\omega)\, \delta_{x_j}$ représente exactement l sur $P_n(a,b)$.

Théorème et Définition 4.1

(i) Si $x_0, \dots, x_n$ sont les racines (réelles et distinctes) du polynôme h_{n+1}, alors la fonctionnelle $\displaystyle\sum_{j=0}^{n} A_{j,n}(\omega)\, \delta_{x_j}$ représente exactement l sur $P_{2n+1}(a,b)$.

La formule d'intégration approchée $\sum_{j=0}^{n} A_{j,n}(\omega)\, f(x_j)$ est alors appelée **formule d'intégration approchée de Gauss.**

(ii) Il n'existe pas de fonctionnelle de type $\sum_{j=0}^{n} A_{j,n}(\omega)\, \delta_{x_j}$ qui représente exactement l sur $\mathcal{P}_{2n+2}(a,b)$.

Preuve :

(i) Soit $k \in \mathbb{N}^*$ et $p \in \mathcal{P}_{n+k}(a,b)$. Alors :

$$p = s \cdot h_{n+1} + r \quad \text{où} \quad s \in \mathcal{P}_{k-1}(a,b) \quad \text{et} \quad r \in \mathcal{P}_n(a,b)$$

Si $x_0, x_1, \ldots, x_n$ sont les racines de h_{n+1}, on a :

$$\forall j \in \{0, \ldots, n\}, \quad p(x_j) = r(x_j).$$

Il en résulte que, si $k \in \{1, \ldots, (n+1)\}$, alors :

$$\int_a^b p(t)\, \omega(t)\, dt = \int_a^b r(t)\, \omega(t)\, dt$$

$$\text{et} \quad \sum_{j=0}^{n} A_{j,n}(\omega)\, p(x_j) = \sum_{j=0}^{n} A_{j,n}(\omega)\, r(x_j) = \int_a^b r(t) \cdot \omega(t)\, dt$$

Donc : $\forall p \in \mathcal{P}_{2n+1}(a,b) \quad , \int_a^b p(t) \cdot \omega(t)\, dt = \sum_{j=0}^{n} A_{j,n}(\omega)\, p(x_j).$

(ii) Supposons, maintenant, qu'il existe une subdivision $\{x_j \ ; \ 0 \le j \le n\}$ de (a,b) telle que $\sum_{j=0}^{n} A_{j,n}(\omega)\, \delta_{x_j}$ représente exactement l sur $P_{2n+2}(a,b)$. On aurait alors :

$$0 = \sum_{j=0}^{n} A_{j,n}(\omega) \big(L_{n+1}(x_j)\big)^2 = \int_a^b \big(L_{n+1}(t)\big)^2 \omega(t)\, dt > 0,$$

ce qui est impossible.||

Evaluation de l'erreur dans une intégration approchée utilisant la formule de Gauss.

Supposons que : $-\infty < a < b < +\infty$.

Proposition 4.1. : Soit $f \in C^{2n+2}[a,b]$. Posons :

$$\forall n \in \mathbb{N}^*, \quad \forall g \in \mathcal{E}_\omega(a,b), \quad \varepsilon_n(g) = l(g) - \sum_{j=0}^{n} A_{j,n}(\omega)\, g(x_j).$$

(i) $$\varepsilon_n(f) = \int_a^b \left(\int_a^b \Gamma_{n+1}(x,t)\, \omega(x)\, dx \right) f^{(2n+2)} t\, dt$$

et $$\int_a^b \Gamma_{n+1}(x,t)\, \omega(x)\, dx = \varepsilon_n(\Gamma_{n+1}(\cdot,t))$$

$$= \int_a^b L_{n+1}(x) \cdot L_{n+1}(t) \left(\int_a^b M_n(\rho,t) \cdot M_n(\rho,x) d\rho \right) \omega(x)\, dx$$

(ii) $\exists \xi \in]a,b[$ tel que :

$$\varepsilon_n(f) = \frac{f^{(2n+2)}(\xi)}{2n+2!} \cdot \int_a^b \left(L_{n+1}(x)\right)^2 \omega(x)\, dx$$

Preuve :

(i) On sait que :

$$\forall x \in [a,b], \qquad f(x) = P_n(x,f) + \int_a^b \frac{\partial^{n+1} \Gamma_{n+1}(x,t)}{\partial t^{n+1}} f^{(n+1)}(t)\, dt$$

On vérifie facilement en intégrant $(n+1)$ fois par parties que :

$$f(x) = P_n(x;f) + \int_a^b \Gamma_{n+1}(x,t)\, f^{(2n+2)}(t)\, dt + Q_{2n+1}(x,t)$$

où $Q_{2n+1}(\cdot,t) \in \mathcal{P}_{2n+1}[a,b]$.

On en déduit immédiatement que :

$$\varepsilon_n(f) = \int_a^b \varepsilon_n\left[\Gamma_{n+1}(\cdot,t)\right] f^{(2n+2)}(t)\, dt$$

et comme $\Gamma_{n+1}(x_j,t) = 0, \quad 0 \leq j \leq n$, on a :

$$\varepsilon_n\left[\Gamma_{n+1}(\cdot,t)\right] = \int_a^b \Gamma_{n+1}(x,t) \cdot \omega(x)\, dx.$$

On sait aussi que : $\forall g \in C^{n+1}[a,b]$,

$$\begin{aligned}\varepsilon_n(g) &= \int_a^b E_n(x;g)\,\omega(x)\,dx\\ &= \int_a^b L_{n+1}(x)\left(\int_a^b M_n(x,\rho)\,g^{(n+1)}(\rho)\,d\rho\right)\omega(x)\,dx.\end{aligned}$$

Comme : $\dfrac{\partial^{n+1}\Gamma_{n+1}(\rho,t)}{\partial\rho^{n+1}} = L_{n+1}(t)\,M_n(\rho,t)$, on déduit facilement le résultat annoncé de ce qui précède.

(ii) Soit $\{z_i\,;\ 0 \leq i \leq 2n+1\}$ une subdivision de $[a,b]$ telle que : $a \leq z_0 < z_1 < \ldots < z_{2n+1} \leq b$.

On suppose que cette subdivision est la réunion de la subdivision $\{x_j\,;\,0 \leq j \leq n\}$ et d'une autre subdivision $\{y_k\,;\,0 \leq k \leq n\}$.

On désigne par $\mathcal{P}_{2n+1}(\cdot\,;f)$ le polynôme d'interpolation de f aux points de la subdvision (z_i).

On sait que : $\forall x \in [a,b]$,

$$f(x) = P_{2n+1}\,(x;f) + L_{2n+2}(x)\cdot\int_a^b M_{2n+1}(x,t)\ f^{(2n+2)}(t)\,dt,$$

où $L_{2n+2}(x) = (x-z_0)\cdots(x-z_{2n+1})$

$$M_{2n+1}(x,t) = [z_0,\cdots,z_{2n+1},x]\,K_{2n+1}(\cdot,t).$$

Or, puisque $P_{2n+1}(\cdot\,;f) \in \mathcal{P}_{2n+1}[a,b]$, on a :

$$\varepsilon_n(f) = \varepsilon_n[f - P_{2n+1}(\cdot\,;f)]$$

Comme $f(x_j) - P_{2n+1}(x_j;f) = 0,\ \ 0 \leq j \leq n$,

$$\varepsilon_n[f - P_{2n+1}(\cdot\,;f)] = \int_a^b \big(f(t) - P_{2n+1}(t,f)\big)\,\omega(t)\,dt$$

Donc :

$$\begin{aligned}\varepsilon_n(f) &= \int_a^b L_{2n+2}(x)\cdot\left(\int_a^b M_{2n+1}(x,t)\ f^{(2n+2)}(t)\,dt\right)\omega(x)\,dx\\ &= \int_a^b L_{2n+2}(x)\,\frac{f^{(2n+2)}\big(\xi(x)\big)}{2n+2!}\,\omega(x)\,dx \quad \text{où} \quad \xi(x) \in]a,b[.\end{aligned}$$

En faisant tendre y_j vers x_j, $0 \leq j \leq n$, on obtient :

$$\varepsilon_n(f) = \int_a^b \big(L_{n+1}(x)\big)^2\,\frac{f^{(2n+2)}\big(\xi(x)\big)}{2n+2!}\,\omega(x)\,dx.$$

Le résultat annoncé s'en déduit facilement.$\|$

CHAPITRE V

Compléments
Un premier pas dans la formalisation de la théorie de l'interpolation

On supposera, ci-dessous, que la théorie élémentaire des espaces normés, des espaces de Banach et de Hilbert est connue.

Soit X un espace vectoriel normé et X' son dual topologique. On notera $\|\cdot\|_X$ la norme de X, $\|\cdot\|_{X'}$ la norme duale de X' et $<.,.>_{X,X'}$ (ou s'il n'y a pas de confusion à craindre $<.,.>$) la dualité canonique entre X et X'.

1. Le problème de l'interpolation linéaire

Dans la suite, M désignera un sous-espace vectoriel de X de dimension $(n+1)$, $n \in \mathbb{N}$.

On appellera problème de l'interpolation linéaire, le problème suivant :

> $(\mathcal{J})$: Etant donné $x'_0, \dots, x'_n \in X'$, $\alpha = (\alpha_0, \dots, \alpha_n) \in \mathbb{R}^{n+1}$ et $H(\alpha) = \{x \in X \,;\, < x, x'_j >= \alpha_j,\ 0 \leq j \leq n\}$, caractériser les éléments de $M \cap H(\alpha)$.

Dans la suite, on désignera par y'_j la restriction de x'_j à M, $0 \leq j \leq n$.

Proposition et Définition 1.1.

(i) Soit $(e_0, \dots, e_n)$ une base de M.
$(y'_0, \dots y'_n)$ est un système **libre** si et seulement si la matrice d'élément générique $< e_j, y'_k >$, $0 \leq j,\ k \leq n$ est inversible.

(ii) On suppose que $(y_0', \ldots, y_n')$ est un système libre. Il existe alors $(n+1)$ vecteurs $y_0, \ldots, y_n$ formant une base de M telle que :

$$< y_j, y_k' >= \delta_{jk} \quad , \quad 0 \leq j, \ k \leq n,$$

et $M \cap H(\alpha)$ se réduit au singleton $\sum_{j=0}^{n} \alpha_j \, y_j$ qui est appelé **interpolant de Lagrange relatif à $(\mathcal{J})$.**

Exemple 1.1. : Polynôme d'interpolation de Lagrange

$$X = C^0[a,b] \quad , \quad M = \mathcal{P}_n[a,b] \quad , \quad a, b \in \mathbb{R}, \quad a < b.$$

$$x_j' \left| \begin{array}{l} X \mapsto \mathbb{R} \\ x \mapsto x(x_j) \ = < x, \delta_{x_j} > \end{array} \right. \qquad 0 \leq j \leq n,$$

où $\{x_j \ ; \ 0 \leq j \leq n\}$ est une subdivision de $[a,b]$ telle que $a \leq x_0 < x_1 < \cdots < x_n \leq b$.

Exemple 1.2. : Polynôme d'interpolation de Newton

$$X = C^n[a,b] \quad , \quad M = \mathcal{P}_n[a,b] \quad , \quad a, b \in \mathbb{R}, \quad a < b.$$

$$x_j' \left| \begin{array}{l} X \mapsto \mathbb{R} \\ \\ x \mapsto x^{(j)}(x_0) \end{array} \right. \quad , \ 0 \leq j \leq n, \quad x_0 \text{ point fixé de } [a,b].$$

Exemple 1.3. : Fonctions "spline"

On suppose que X est un espace de Hilbert.
On désigne par $(\cdot|\cdot)$ son produit scalaire et par $\| \cdot \|$ sa norme.
Ω désignant un ensemble (quelconque), on suppose que :

$(*)$ $\quad X \subset \mathbb{R}^\Omega$

$(**)$ $\quad \forall t \in \Omega, \quad \exists M_t \in \mathbb{R}_+ \quad$ tel que : $\quad \forall x \in X, \ |x(t)| \leq M_t \ \| x \|$.

Du théorème de Riesz, on déduit que :

$$\forall t \in \Omega, \quad \exists H(\cdot,t) \in X \text{ tel que : } \quad \forall x \in X, \ x(t) = \big(x | H(\cdot,t)\big).$$

Soient $t_0, \ldots, t_n \in \Omega$ tels que $H(\cdot,t_0), \ldots, H(\cdot,t_n)$ soit un système libre dans X. On choisit alors :
M est le sous-espace vectoriel de X engendré par $H(\cdot,t_0), \ldots, H(\cdot,t_n)$ et

$$x_j' \left| \begin{array}{l} X \mapsto \mathbb{R} \\ x \mapsto x(t_j) \end{array} \right. \quad , \ 0 \leq j \leq n,$$

Exercice 1.1. : Expliciter le formalisme relatif à l'interpolant de Newton.

2. Le problème dual de l'interpolation linéaire

On utilisera, dans ce paragraphe, les mêmes notations qu'au paragraphe 1.

On appellera problème dual de (J) le problème suivant :

(J^*) : On suppose que le rang du système $(y'_0, \dots, y'_n)$ est égal à p. Etant donné $x' \in X'$, trouver $\lambda_0, \dots, \lambda_p \in \mathbb{R}$ tels que :

$$\forall x \in M, \quad < x, x' > = < x, \sum_{j=0}^{p} \lambda_j \, x'_j > .$$

Définition 2.1. : Si $(\overline{\lambda}_0, \dots, \overline{\lambda}_p)$ est une solution de J^*, on dira que $\sum_{j=0}^{p} \overline{\lambda}_j \, x'_j$ est une **représentation exacte de x' sur M.**

Proposition 2.1. : On suppose que $p = n$.
Alors, $(< y_0, x' >, \dots, < y_n, x' >)$ est la seule solution de (J^*) et $\sum_{j=0}^{n} < y_j, x' > y'_j$ est la seule représentation exacte de x' sur M.

Exercice 2.1. : Expliciter (J^*) pour chacun des exemples considérés au paragraphe 1.

3. Convergence de l'interpolation

On démontre la proposition suivante qui est un corollaire du théorème de Banach-Steinhaus.

Proposition 3.1. : Soit B un espace de Banach, X un espace normé et A une partie de B, partout dense dans B.
Soit $\{S_n \, ; \, n \in \mathbb{N}\}$ une suite d'applications linéaires et continues de B dans X et S une application linéaire et continue de B dans X.

Les assertions suivantes sont équivalentes :

(i) $\forall x \in B, \ \lim_{n \to \infty} \| S_n x - S x \|_X = 0$

(ii) Les deux propriétés suivantes sont vérifiées : •

(*) $\forall x \in A, \quad \lim_{n \to \infty} \| S_n \, x - S x \|_X = 0$

(**) $\exists m \in \mathbb{R}_+, \quad \forall n \in \mathbb{N}, \quad \| S_n \| \leq m$

Contre-exemple 3.1. $B = X = C^0[a,b]$, $a, b \in \mathbb{R}$, $a < b$.

Pour tout $n \in \mathbb{N}^*$, on désigne par $\{x_j^n\,;\, 0 \leq j \leq n\}$ une subdivision de $[a,b]$ telle que : $a \leq x_0^n < x_1^n < \cdots < x_n^n \leq b$ et on pose :

$$\forall f \in B, \quad S_n f = \sum_{j=0}^{n} f(x_j^n)\, L_{j,n} \quad \text{et} \quad Sf = f.$$

On montre que : $\forall n \in \mathbb{N}^*$, $\| S_n \| \geq \dfrac{2}{\pi^2}\mathrm{Log}(n) + a(n)$ où $a(n)$ est une fonction bornée de n.

On déduit de la proposition 3.1. que :
Quelle que soit la suite $\left\{\{x_j^n\,;\, 0 \leq j \leq n\}\ ,\ n \in \mathbb{N}^*\right\}$ il existe $g \in C^0[a,b]$ tel que $S_n\, g$ ne converge pas uniformément vers z dans $C^0[a \cdot b]$. $\|$.

DEUXIÈME PARTIE

Résolution numérique des problèmes différentiels avec condition(s) initiale(s)

De nombreux phénomènes étudiés en Mécanique, Astronomie, Physique, Chimie, Biologie, etc... ont pour modèle mathématique un problème différentiel.

C'est pourquoi la résolution numérique des problèmes différentiels est un chapitre important de l'Analyse Numérique.

Les puissants ordinateurs construits au cours des deux dernières décennies, ont permis la mise en œuvre de techniques très performantes de résolution approchée de problèmes différentiels. Mais le champ des problèmes ouverts est encore très vaste.

Dans cette deuxième partie nous étudierons les problèmes différentiels avec condition(s) initiale(s) appelés problèmes de Cauchy.

Nous expliciterons les idées de base des méthodes classiques de résolution approchée de ces problèmes et les algorithmes correspondants.

Les idées que nous mettrons en évidence sont un guide essentiel pour le praticien qui souhaite résoudre un problème différentiel non classique.

CHAPITRE VI

Généralités sur les équations et problèmes différentiels

1. Equations et problèmes différentiels

Définition 1.1. : Soit $n \in \mathbb{N}^*$, $\mathcal{X} = \mathbb{R}^n$, $\mathcal{A}$ (resp. $\mathcal{B}$) une partie de $\mathbb{R} \times \mathcal{X} \times \mathcal{X}$ (resp. de $\mathbb{R} \times \mathcal{X}$) et a (resp. b) une application de $\mathcal{A}$ (resp. $\mathcal{B}$) dans $\mathbb{R}$.

La formule : $a(t, x, \frac{dx}{dt}) = 0$ est appelée **équation différentielle (implicite) du premier ordre.**

On appelle **problème différentiel (implicite) du premier ordre avec condition(s) initiale(s)**, la donnée du système suivant :

$$\begin{cases} a\left(t, x, \dfrac{dx}{dt}\right) = 0 \\ b(t_0, x(t_0)) = 0 \end{cases}$$

Soit f une application d'une partie $\mathcal{O}$ de $\mathbb{R} \times \mathcal{X}$ dans $\mathcal{X}$.

La formule : $\frac{dx}{dt} = f(t, x)$ est appelée **équation différentielle du premier ordre, sous forme résolue.**

On appelle **problème différentiel du premier ordre, sous forme résolue, avec condition(s) initiales(s)**, la donnée du système suivant :

$$\mathcal{S}_0 \begin{cases} \dfrac{dx}{dt} = f(t, x) \\ x(t_0) = x_0 \qquad (t_0, x_0) \in \mathcal{O} \end{cases}$$

On dit qu'une application φ d'un intervalle I de $\mathbb{R}$ dans $\mathcal{X}$ est une **solution de l'équation différentielle** $\frac{dx}{dt} = f(t, x)$ si :

(i) φ est dérivable sur I
(ii) $\forall t \in I, \quad (t, \varphi(t)) \in \mathcal{O}$
(iii) $\forall t \in I, \quad \varphi'(t) = f(t, \varphi(t))$.

On dit qu'une application φ d'un intervalle I de $\mathbb{R}$ dans $\mathcal{X}$ est **solution du problème différentiel** $(\mathcal{S}_0)$: $\left(\dfrac{dx}{dt} = f(t,x), \quad x(t_0) = x_0\right)$ si :

(j) φ est solution de $\dfrac{dx}{dt} = f(t,x)$
(jj) $\varphi(t_0) = x_0, \quad t_0 \in I$

Interprétation géométrique de $(\mathcal{S}_0)$ lorsque $\mathcal{X} = \mathbb{R}$.

La donnée de l'équation différentielle $\dfrac{dx}{dt} = f(t,x)$ est équivalente à la donnée d'un champ de tangentes $\mathcal{T}$ défini sur $\mathcal{O}$.

Chercher une solution de $(\mathcal{S}_0)$ c'est chercher une courbe d'équation $x = \varphi(t)$, $t \in I$, qui enveloppe un sous-ensemble de $\mathcal{T}$ et vérifie la relation : $\varphi(t_0) = x_0$.

Exercice 1.1. : On suppose que $\mathcal{X} = \mathbb{R}$.
Montrer que le problème différentiel : $\left(\dfrac{dx}{dt} = t \cdot x, \quad x(0) = 1\right)$ admet pour seule solution l'application :

$$\varphi \left| \begin{array}{l} \mathbb{R} \mapsto \mathbb{R} \\ t \mapsto \exp\left(\dfrac{t^2}{2}\right) \end{array} \right.$$

Exercice 1.2. : Soit $\alpha \in]0,1[$. On suppose que $\mathcal{X} = \mathbb{R}$.

Montrer que le problème différentiel :

$$\left(\frac{dx}{dt} = x^{1-\alpha}, \quad x \in \mathbb{R}_+, \quad x(0) = 0\right)$$

admet les deux solutions suivantes :

$$\varphi_1 \left| \begin{array}{l} \mathbb{R} \mapsto \mathbb{R} \\ t \mapsto 0 \end{array} \right. \quad \text{et} \quad \varphi_2 \left| \begin{array}{l} \mathbb{R}_+ \mapsto \mathbb{R} \\ t \mapsto (\alpha t)^{\frac{1}{\alpha}} \end{array} \right.$$

Exercice 1.3. : **Réduction d'un problème différentiel d'ordre p, sous forme résolue, à un problème différentiel du premier ordre sous forme résolue.**

Considérons le problème différentiel :

$$\begin{cases} \dfrac{d^p x}{dt^p} = g\left(t, x, \dfrac{dx}{dt}, \ldots, \dfrac{d^{p-1} x}{dt^{p-1}}\right) \quad , \quad p \in \mathbb{N}\,,\ p \geq 2 \\ \\ \left(\dfrac{d^j x}{dt^j}\right)_{t=t_0} = x_j \quad , \quad j \in \{0, 1, \ldots, (p-1)\}. \end{cases}$$

Montrer que ce problème différentiel est équivalent au problème différentiel :
$\left(\dfrac{dy}{dt} = f(t, y), \quad y(t_0) = y_0\right).$

où :

$$\left| \begin{array}{lll} y_0 & = & (x_0, \ldots, x_{p-1}), \\ y & = & (y^0, \ldots, y^{p-1}) \quad \text{avec} \quad y^j = \dfrac{d^j x}{dt^j} \quad , \quad j \in \{0, 1, \ldots, (p-1)\} \\ f(t, y) & = & (y^1, \ldots, y^{p-1}, \quad g(t, y^0, \ldots, y^{p-1})) \end{array} \right.$$

2. Condition(s) suffisante(s) d'existence de solution(s) du problème $(\mathcal{S}_0)$.

Définition 2.1. : Soit φ_1 et φ_2 deux solutions de $(\mathcal{S}_0)$. On dit que : $\varphi_1 \leq \varphi_2$ si, dans $\mathbb{R} \times \mathcal{X}$, le graphe de φ_1 est contenu dans celui de φ_2.

On dit que $\overline{\varphi}$ est **solution maximale de $(\mathcal{S}_0)$** si : lorsque φ est une solution de $(\mathcal{S}_0)$ telle que : $\overline{\varphi} \leq \varphi$, alors : $\varphi = \overline{\varphi}$.

Définition 2.2. : On dit que f est **Lipschitzienne, par rapport à son deuxième argument, sur une partie Ω de $\mathbb{R} \times \mathcal{X}$**, s'il existe $k \in \mathbb{R}_+^*$ tel que :

$$\forall (t, x_1)\,,\ (t, x_2) \in \Omega, \quad \| f(t, x_1) - f(t, x_2) \| \leq k \| x_1 - x_2 \|$$

où $\| \cdot \|$ désigne une norme de $\mathcal{X}$.

On dit que f **est localement Lipschitzienne, par rapport à son deuxième argument, sur Ω**, si à tout $\omega \in \Omega$, on peut associer un voisinage V_ω de ω dans $\mathbb{R} \times \mathcal{X}$ tel que f soit Lipschitzienne sur V_ω.

On rappelle, sans démonstration, les théorèmes classiques suivants (avec les mêmes hypothèses et notations qu'au paragraphe 1).

Théorème 2.1. (Peano)

Si f est définie et continue sur $\mathcal{O}$, alors $(\mathcal{S}_0)$ admet au moins une solution maximale dont les extrémités appartiennent à la frontière de $\mathcal{O}$.

Théorème 2.2.

Si f est définie et continue sur $\mathcal{O}$ et si, de plus, f est localement Lipschitzienne, par rapport à son deuxième argument sur $\mathcal{O}$, alors $(\mathcal{S}_0)$ admet une seule solution maximale, appelée solution maximum, dont les extrémités appartiennent à la frontière de $\mathcal{O}$.

Exercice 2.1. : On suppose que : $\mathcal{X} = \mathbb{R}$.
On considère le problème différentiel : $\left(\dfrac{dx}{dt} = x^2, \quad x(0) = \alpha\right)$.

Montrer que si $\alpha = 0$ (resp. $\alpha > 0$) alors le problème différentiel considéré admet une solution maximum :

$$\varphi \left| \begin{array}{l} \mathbb{R} \mapsto \mathbb{R} \\ t \mapsto 0 \end{array} \right. \qquad \left(\text{resp. } \varphi \left| \begin{array}{r}]-\infty, \dfrac{1}{\alpha}[\mapsto \mathbb{R} \\ t \mapsto \dfrac{\alpha}{1-\alpha t} \end{array} \right.\right)$$

3. La méthode de la série de Taylor

Supposons que $\mathcal{X} = \mathbb{R}$ et que f soit indéfiniment différentiable sur $\mathcal{O}$.

Soit φ une solution de $(\mathcal{S}_0)$ définie sur un intervalle ouvert I.

En tout point $t \in I$, on sait que : $\varphi'(t) = f\big(t, \varphi(t)\big)$.

On en déduit que φ admet une dérivée seconde sur I puisque :

$$\begin{aligned} \varphi'' &= \frac{d}{dt}\left[f\big(t,\varphi(t)\big)\right] = f_t\big(t,\varphi(t)\big) + f_x\big(t,\varphi(t)\big)\cdot\varphi'(t) \\ &= \big(f_t + f\cdot f_x\big)\big(t,\varphi(t)\big) \end{aligned}$$

où $f_t = \dfrac{\partial f}{\partial t}$ et $f_x = \dfrac{\partial f}{\partial x}$.

Plus généralement, si on pose :

$$\partial = \frac{\partial}{\partial t} + f \cdot \frac{\partial}{\partial x} \quad , \quad f_0 = f, \quad f_1 = \partial f_0, \ldots, f_{n+1} = \partial f_n,$$

alors, on vérifie facilement que :

$$\forall n \in \mathbb{N}^* \ , \ \forall t \in I \ , \ \varphi^{(n)}(t) \ = \ f_{n-1}\big(t, \varphi(t)\big).$$

Exercice 3.1. : Donner des conditions suffisantes sur f pour que :

$$\forall t \in I, \quad \varphi(t) \ = \ x_0 + \sum_{n=1}^{\infty} \frac{(t - t_0)^n}{n!} f_{n-1}(t_0, x_0).$$

Exemple 3.1. : On considère le problème différentiel : $\left(\frac{dx}{dt} = x, \quad x(0) = 1\right)$.

Alors : $f_n(t, x) = x$, quel que soit $n \in \mathbb{N}$.

On en déduit que le problème différentiel considéré admet pour solution maximum la fonction φ indéfiniment différentiable sur $\mathbb{R}$ telle que :

$$\forall t \in \mathbb{R}, \quad \varphi(t) = \sum_{n=0}^{\infty} \frac{t^n}{n!} \ = \ \exp(t).$$

4. La méthode de Picard

On fait les **hypothèses** suivantes (avec les mêmes notations qu'au paragraphe 1 ci-dessus) :

* $\quad \mathcal{X} = \mathbb{R}$

** $\quad f \in C^0([t_0, T_0] \times \mathbb{R}) \qquad$ (où $t_0 < T_0$)

*** f est Lipschitzienne par rapport à son deuxième argument sur $[t_0, T_0] \times \mathbb{R}$.

Ainsi, il existe $M \in \mathbb{R}_+^*$ tel que :

quels que soient $(t, x_1, x_2) \in [t_0, T_0] \times \mathbb{R} \times \mathbb{R}$, on ait : $|f(t, x_1) - f(t, x_2)| \leq M|x_1 - x_2|$.

Posons : $\forall t \in [t_0, T_0]$, $\varphi_0(t) = x_0$

$$\varphi_1(t) = x_0 + \int_{t_0}^{t} f(s, \varphi_0(s))ds$$

$$\vdots$$

$$\varphi_{k+1}(t) = x_0 + \int_{t_0}^{t} f(s, \varphi_k(s))ds, \quad k \in \mathbb{N}^*.$$

(On notera que chacune des intégrales considérées ci-dessus a un sens).

Alors : $\forall t \in [t_0, T_0]$, $\forall k \in \mathbb{N}^*$

$$\begin{aligned} |\varphi_{k+1}(t) - \varphi_k(t)| &= \left| \int_{t_0}^{t} [f(s, \varphi_k(s)) - f(s, \varphi_{k-1}(s))] ds \right| \\ &\leq \int_{t_0}^{t} |f(s, \varphi_k(s)) - f(s, \varphi_{k-1}(s))| ds \\ &\leq M \cdot \int_{t_0}^{t} |\varphi_k(s) - \varphi_{k-1}(s)| ds \end{aligned}$$

Posons : $\forall \psi \in C^0([t_0, T_0])$, $\| \psi \| = \operatorname{Sup}\{|\psi(t)| \,;\, t \in [t_0, T_0]\}$.

Alors : $\forall t \in [t_0, T_0]$, $\forall k \in \mathbb{N}^*$

$$|\varphi_{k+1} - \varphi_k(t)| \leq M \int_{t_0}^{t} \| \varphi_k - \varphi_{k-1} \| ds \leq M \int_{t_0}^{T_0} \| \varphi_k - \varphi_{k-1} \| ds$$

On en déduit que :

$$\forall k \in \mathbb{N}^*, \qquad \| \varphi_{k+1} - \varphi_k \| \leq M(T_0 - t_0) \cdot \| \varphi_k - \varphi_{k-1} \|$$

Supposons maintenant que :

**** $M(T_0 - t_0) < \rho < 1$.

On vérifie facilement que :

$$\forall k \in \mathbb{N}^*, \quad \| \varphi_{k+1} - \varphi_k \| \leq \rho^k \| \varphi_1 - \varphi_0 \|$$

. On en déduit que : $\forall p, m \in \mathbb{N}^*$, $p > m$,

$$\begin{aligned} \| \varphi_p - \varphi_m \| &\leq \sum_{k=m}^{p-1} \| \varphi_{k+1} - \varphi_k \| \leq \left(\sum_{k=m}^{p-1} \rho^k \right) \| \varphi_1 - \varphi_0 \| \\ &\leq \frac{\rho^m}{1 - \rho} \| \varphi_1 - \varphi_0 \| . \end{aligned}$$

La suite (φ_k) est donc une suite de Cauchy dans l'espace $C^0([t_0, T_0])$ muni de la norme de la convergence uniforme sur $[t_0, T_0]$.

Il en résulte qu'il existe un élément $\varphi \in C^0([t_0, T_0])$ tel que : $\lim_{k \to \infty} \| \varphi_k - \varphi \| = 0$.

Mais : $\forall t \in [t_0, T_0], \quad \forall k \in \mathbb{N}^*$,

$$\begin{aligned}\left|\varphi(t) - x_0 - \int_{t_0}^{t} f\big(s, \varphi(s)\big)ds\right| &= \Big|\varphi(t) - \varphi_k(t) \\ &\quad - \int_{t_0}^{t} \big[f\big(s, \varphi(s)\big) - f\big(s, \varphi_{k-1}(s)\big)\big]ds\Big| \\ &\leq (1+\rho) \| \varphi - \varphi_k \|\end{aligned}$$

Donc : $\forall t \in [t_0, T_0], \qquad \varphi(t) = x_0 + \int_{t_0}^{t} f\big(s, \varphi(s)\big)ds.$

Il en résulte que φ **est solution de** (S_0).

CHAPITRE VII

La méthode d'Euler ou méthode de la ligne polygonale de Cauchy-Lipschitz

Dans la suite, on aura pour objectif la résolution approchée du problème différentiel :

$$(S_0)\begin{cases} \dfrac{dx}{dt} = f(t,x) \qquad (t,x) \in \mathcal{O} \quad , \quad \mathcal{O} \text{ ouvert de } \mathbb{R}\times\mathbb{R} \\ x(t_0) = x_0 \end{cases}$$

On supposera que ce problème a une **seule solution** définie sur l'intervalle $[t_0, T_0]$, $t_0 < T_0$.
On notera cette solution $X(\cdot\,; u_0)$, $u_0 = (t_0, x_0)$ ou bien $X(\cdot)$ quand il n'y aura pas de confusion à craindre.

Les méthodes numériques de résolution approchée de (S_0) que nous présentons ci-dessous, ont été élaborées car :

* On ne sait calculer la solution exacte ou formelle de (S_0) que pour une famille très restreinte de fonctions f.

** Même lorsqu'on sait expliciter la solution de (S_0), au moyen de fonctions élémentaires, son calcul numérique peut fournir de mauvais résultats.

Il faut ajouter, cependant, que pour le numéricien tout résultat théorique relatif à (S_0) est toujours une source de renseignements précieux.

1. Description de la méthode d'Euler

Soit $n \in N^*$ et $\{t_j\ ;\ 0 \leq j \leq n\}$ une subdivision de l'intervalle $[t_0, T_0]$ telle que : $t_0 < t_1 < \cdots < t_n = T_0$.

Posons : $h_k = t_{k+1} - t_k \quad , \quad 0 \leq k \leq n-1.$

La méthode d'Euler consiste à calculer, par récurrence, des valeurs "approchées" $x_1, \cdots, x_n$ de $X(t_1\,;\,u_0), \cdots, X(t_n\,;\,u_0)$ respectivement au moyen de la formule suivante :

$$x_{k+1} = x_k + h_k\, f(t_k, x_k) \qquad 0 \leq k \leq n-1.$$

2. Interprétation de la méthode d'Euler

Notons $T_1(\cdot\,;\,X_0)$ le développement de Taylor du premier ordre de $X(\cdot\,;\,u_0)$ au voisinage de t_0. Alors :

$$\forall t \in [t_0, T_0], \qquad T_1(t\,;\,X_0) = x_0 + (t - t_0)\, f(t_0, x_0).$$

Donc : $x_1 = T_1(t_1; X_0)$.

Supposons que : $X(\cdot\,;\,u_0) \in C^1[t_0, T_0]$. Alors :

$$X(t_1; u_0) - x_1 = (t_1 - t_0)[X'(\tau_1; u_0) - X'(t_0; u_0)] \;,\; \tau_1 \in]t_0, t_1[.$$

On en déduit que x_1 sera une valeur "approchée" de $X(t_1; u_0)$ si t_1 est suffisamment "voisin" de t_0.

Supposons que le problème différentiel (S_1) $\begin{cases} \dfrac{dx}{dt} = f(t, x) \\ x(t_1) = x_1 \end{cases}$

admette une solution unique $X(\cdot\,;\,u_1)$, $u_1 = (t_1, x_1)$ définie sur l'intervalle $[t_1, T_0]$.

Notons $T_1(\cdot\,;\,X_1)$ le développement de Taylor du premier ordre de $X(\cdot\,;\,u_1)$ au voisinage de t_1. Alors :

$$\forall t \in [t_1, T_0], \qquad T_1(t; X_1) = x_1 + (t - t_1)\, f(t_1, x_1).$$

et $x_2 = T_1(t_2; X_1)$.

Posons : $\varsigma_2 = X(t_2; u_1) - x_2$ et $\eta_2 = X(t_2; u_0) - X(t_2; u_1)$.

On a : $X(t_2; u_0) - x_2 = \eta_2 + \varsigma_2$.

On en déduit que x_2 sera une valeur "approchée" de $X(t_2, u_0)$ si ς_2 et η_2 sont "proches" de zéro.

On sait que ς_2 sera "proche" de zéro lorsque t_2 sera proche de t_1 si $X(\cdot\,;\,u_1) \in C^1[t_1, T_0]$.

D'autre part, η_2 sera "proche" de zéro si une "petite" variation des conditions initiales du problème (S_0) n'entraîne qu'une "petite" variation de sa solution. On dira, alors, que (S_0) est un problème stable.

Par récurrence, on peut, facilement, comme ci-dessus, expliciter des conditions suffisantes pour que $x_3, \dots, x_n$ soient "proches" de $X(t_3; u_0), \dots, X(t_n; u_0)$.

3. Evaluation de l'erreur – Convergence

Dans ce paragraphe, nous allons comparer les valeurs $x_1, \dots, x_n$ calculées par la méthode d'Euler aux valeurs $X(t_1; u_0), \dots, X(t_n; u_0)$ de la solution exacte de (S_0).

Nous ferons les hypothèses suivantes :

(a) $X(\cdot\,; u_0) \in C^1[t_0, T_0]$

(b) $\exists M \in \mathbb{R}_+^*$ tel que : $\forall t \in [t_0, T_0], \quad \forall x_1, x_2 \in \mathbb{R},$

$$|f(t, x_1) - f(t, x_2)| \leq M|x_2 - x_1|$$

Nous poserons :

$$\forall k \in \{0, \dots, n\}, \qquad e_k = X(t_k; u_0) - x_k$$
$$\forall k \in \{0, \dots, n-1\}, \qquad E_k = X(t_{k+1}; u_0) - X(t_k; u_0)$$

et aussi : $\forall t,\ t + h \in [t_0, T_0]$,

$$X(t + h; u_0) - X(t; u_0) - h\, X'(t; u_0) = h\, \varepsilon\big(h; X'(t; u_0)\big).$$

Nous savons qu'il existe une application ε de $]0,\ T_0 - t_0[$ dans $\mathbb{R}_+$ telle que :

$$\forall \quad t, t + h \in [t_0, T_0], \quad \big|\varepsilon\big(h; X'(t; u_0)\big)\big| \leq \varepsilon(h)$$
$$\text{avec } \lim_{h \to 0} \varepsilon(h) = 0.$$

Proposition 3.1. : Quel que soit $k \in \{0, 1, \dots, n-1\}$,

(i) $e_{k+1} = e_k + h_k[f\big(t_k, X(t_k; u_0)\big) - f(t_k, x_k)] + h_k\ \varepsilon\big(h_k; X'(t_k; u_0)\big)$

(ii) $\boxed{|e_{k+1}| \leq (1 + M\, h_k) \cdot |e_k| + h_k\ \varepsilon(h_k)}$

Preuve :

(i) Résulte immédiatement des relation suivantes :

$$\begin{aligned} e_{k+1} &= X(t_{k+1}) - x_{k+1} = X(t_{k+1}) - X(t_k) + X(t_k) - x_k + x_k - x_{k+1} \\ &= E_k + e_k - h_k\, f(t_k, x_k) \\ E_k &= h_k\big[X'(t_k) + \varepsilon\big(h_k; X'(t_k)\big)\big] = h_k\big[f\big(t_k, X(t_k)\big) + \varepsilon\big(h_k; X'(t_k)\big)\big] \end{aligned}$$

(ii) Résulte immédiatement de (i) et de l'hypothèse (b). ||

Lemme 3.1 : Soit $n \in \mathbb{N}^*$, $\{u_j\,;\, 0 \leq j \leq n\}$ et $\{\alpha_j\,;\, 0 \leq j \leq n-1\}$ deux suites de nombres réels positifs ou nuls tels que :

$$\forall j \in \{0, 1, \ldots, n-1\}\ ,\ u_{j+1} \leq (1 + M\,h_j)u_j + \alpha_j.$$

Alors :

$$\text{(i)}\quad u_n \leq u_0 \cdot \exp\left[M\left(\sum_{j=0}^{n-1} h_j\right)\right] + \sum_{k=0}^{n-1} \alpha_k \cdot \exp\left[M\left(\sum_{j=k+1}^{n-1} h_j\right)\right]$$

Il en résulte que :

$$\text{(ii)}\quad \boxed{u_n \leq \left(u_0 + \sum_{j=0}^{n-1} \alpha_j\right) \exp[M(T_0 - t_0)]}$$

Preuve :

(i) On a :

$$u_1 \leq (1 + M\,h_0)u_0 + \alpha_0$$

$$u_2 \leq (1 + M\,h_1)u_1 + \alpha_1 \leq (1 + M\,h_1)(1 + M\,h_0)u_0 + (1 + M\,h_1)\alpha_0 + \alpha_1$$

Par récurrence, on obtient facilement que :

$$u_n \leq \left[\prod_{j=0}^{n-1}(1 + M\,h_j)\right] u_0 + \sum_{j=0}^{n-1}\left\{\alpha_j \left[\prod_{k=j+1}^{n-1}(1 + M\,h_k)\right]\right\}$$

On en déduit le résultat annoncé en remarquant que :

$$\forall \varsigma \in \mathbb{R},\quad 1 + \varsigma \leq \exp(\varsigma).$$

(ii) Se déduit de (i) après avoir remarqué que :

$$\sum_{j=k+1}^{n-1} h_k \ \leq\ \sum_{j=0}^{n-1} h_j = T_0 - t_0.\ \|$$

Théorème 3.1. et Définition 3.1.

Etant donné $n \in \mathbb{N}^*$, on désigne par $\{t_j^n\,;\, 0 \leq j \leq n\}$ une subdivision de $[t_0, T_0]$ telle que : $t_0 = t_0^n < t_1^n < \cdots < t_n^n = T_0$.

On pose : $\forall k \in \{0, \ldots, n-1\}$, $h_k^n = t_{k+1}^n - t_k^n$.

On note (x_k^n) la suite telle que :

$$x_0^n = x_0 \quad , \quad x_{k+1}^n = x_k^n + h_k^n\, f(t_k^n, x_k^n) \qquad 0 \leq k \leq n-1.$$

S'il existe $\gamma \in \mathbb{R}_+^*$ tel que : $\forall n \in \mathbb{N}^*, \ \sum_{j=0}^{n-1} \varepsilon(h_j^n) \leq \gamma$

et si $\lim_{n\to\infty} (\max\{h_j^n \,;\, 0 \leq j \leq n-1\}) = 0$,

alors : $\lim_{n\to\infty} \left(\max\{|X(t_k^n; u_0) - x_k^n| \,;\, 0 \leq k \leq n\}\right) = 0$.

On dit alors que **la méthode d'Euler est convergente pour le problème (S_0) considéré.**

Preuve : De la proposition 3.1. et du lemme 3.1., ci-dessus, on déduit, avec des notations évidentes, que : $\forall k \in \{1, \ldots, n\}$,

$$|e_k^n| \leq \max\{h_j^n \,;\, 0 \leq j \leq n-1\} \cdot \exp[M(T_0 - t_0)] \cdot \left(\sum_{j=0}^{k-1} \varepsilon(h_j^n)\right).$$

Puisque $e_0 = 0$, on a :

$$\max\{|e_k^n| \,;\, 0 \leq k \leq n\} \leq \gamma \cdot \exp[M(T_0 - t_0)] \cdot \max\{h_j^n \,;\, 0 \leq j \leq n-1\}$$

d'où le résultat annoncé.||.

Exemple 3.1. : Supposons que $X(\cdot\,; u_0) \in C^2[t_0, T_0]$ et posons :

$$\| X''(\cdot\,; u_0) \| = \mathrm{Sup}\{|X''(s; u_0)| \,;\, s \in [t_0, T_0]\}.$$

Alors : $\varepsilon(h) \leq \frac{h}{2} \cdot \| X''(\cdot\,; u_0) \|$ et :

$$\sum_{j=0}^{k-1} \varepsilon(h_j) \leq \left(\sum_{j=0}^{k-1} \frac{h_j^n}{2}\right) \cdot \| X''(\cdot\,; u_0) \| \leq \frac{(T_0 - t_0)}{2} \cdot \| X''(\cdot\,; u_0) \|.$$

Exercice 3.1. : En général, dans la méthode d'Euler, on fait deux erreurs à chaque pas :

(*) une erreur η_k dans le calcul de $f(t_k, x_k)$

(**) une erreur d'arrondi ς_k dans le calcul de x_{k+1}.

En tenant compte de ces erreurs la méthode d'Euler s'explicite ainsi :

$$x_{k+1}^* = x_k^* + h_k[f(t_k, x_k^*) + \eta_k] + \varsigma_k, \quad 0 \leq k \leq n-1.$$

On pose : $\forall k \in \{0,\ldots,n\}, \qquad e_k^* = X(t_k; u_0) - x_k^*$.

(i) Montrer que $\forall k \in \{1,\ldots,n\}$,

$$|e_k^*| \leq \exp[M(T_0 - t_0)] \left\{ |e_0^*| + \sum_{j=0}^{k-1} [h_j\, \varepsilon(h_j) + h_j |\eta_j| + |\varsigma_j|] \right\}$$

(ii) On suppose que : $\sum_{j=0}^{n-1} \varepsilon(h_j) \leq \gamma$

et que : $\forall j \in \{0,\ldots,n-1\}, \quad |\eta_j| \leq \eta\,, \quad |\varsigma_j| \leq \varsigma$.

On pose : $h = \max\{h_j\,,\ 0 \leq j \leq n-1\}$.

Montrer que : $\forall k \in \{1,\ldots,n\}$,

$$|e_k^*| \leq \exp[M(T_0 - t_0)] \cdot \left\{ |e_0^*| + h\gamma + (T_0 - t_0)\eta + \frac{\varsigma}{h} \right\}.$$

Pour quelle valeur de h la précision da la méthode d'Euler sera-t-ell optimale ? ||

CHAPITRE VIII

Méthodes à pas séparés (ou à un pas)

1. Définition

Supposons que (S_0) admette une solution $\varphi \in C^2[t_0, T_0]$.
On sait que :

$$\forall t, t+h \in [t_0, T_0], \quad \varphi(t+h) = \varphi(t) + \int_t^{t+h} \varphi'(s)\, ds.$$

Notons l la fonctionnelle linéaire sur $C^2[t_0, T_0]$ telle que :

$$\forall g \in C^2[t_0, T_0], \quad l(g) = \int_t^{t+h} g'(s)\, ds$$

Désignons par $\delta_t^{(j)}$, $j = 0, 1, 2$, la fonctionnelle linéaire sur $C^2[t_0, T_0]$ telle que : $\forall g \in C^2[t_0, T_0]$, $\delta_t^{(j)}\, g = g^{(j)}(t)$.

On vérifie facilement que la fonctionnelle linéaire $\widetilde{l} = \sum_{j=1}^{2} \frac{h^j}{j!} \delta_t^{(j)}$ représente exactement l sur $\mathcal{P}_2[t_0, T_0]$, et que, si h est assez "petit",

$$\psi(t,h) = h\, f\big(t, \varphi(t)\big) + \frac{h^2}{2!} f_1\big(t, \varphi(t)\big) \quad \text{où} \quad f_1 = \left(\frac{\partial}{\partial t} + f \cdot \frac{\partial}{\partial x}\right) f$$

est une "bonne" approximation de $\varphi(t+h)$, puisque $\varphi'(t) = f\big(t, \varphi(t)\big)$ et $\varphi''(t) = f_1\big(t, \varphi(t)\big)$.

Guidés par l'étude que nous avons faite au chapitre précédent, il est naturel de penser que la méthode de résolution approchée de (S_0) décrite par l'algorithme suivant :

$$x_{k+1} = x_k + h_k f(t_k, x_k) + \frac{(h_k)^2}{2!} f_1(t_k, x_k) \quad , \quad 0 \leq k \leq n-1$$

donnera des résultats plus "précis" que la méthode d'Euler.

Considérons, maintenant, la fonctionnelle linéaire : $\widetilde{l}_1 = h\, \delta^{(1)}_{t+\frac{h}{2}}$.

$\widetilde{l}_1$ représente exactement l sur $\mathcal{P}_2[t_0, T_0]$ et si h est assez "petit" alors

$$\varphi(t) + h\varphi'\left(t + \frac{h}{2}\right) = \varphi(t) + h\, f\left(t + \frac{h}{2}, \varphi(t + \frac{h}{2})\right)$$

est une "bonne" approximation de $\varphi(t+h)$.

Il est aisé de vérifier aussi que si h est assez "petit" alors :

$$\varphi_1(t,h) = \varphi(t) + h\, f\left[t + \frac{h}{2}, \varphi(t) + \frac{h}{2} f(t, \varphi(t))\right]$$

est aussi une "bonne" approximation de $\varphi(t+h)$.

Il est encore naturel de penser que la méthode de résolution approchée de (S_0) décrite par l'algorithme suivant :

$$x_{k+1} = x_k + h_k\, f\left[t_k + \frac{h_k}{2},\ x_k + \frac{h_k}{2} f(t_k, x_k)\right] \ , \ 0 \leq k \leq n-1$$

donnera de "meilleurs" résultats que la méthode d'Euler.

On constate immédiatement, dans la méthode d'Euler, comme dans les deux méthodes explicitées au chapitre précédent, que le calcul de x_{k+1} ne nécessite que la connaissance de t_k, x_k, h_k.

On dit que ces méthodes sont des méthodes explicites à un pas ou des méthodes à pas séparés.

La définition suivante nous fournit un cadre formel général pour l'étude des méthodes à pas séparés.

Définition 1.1. : Soit $n \in \mathbb{N}^*$ et $\{t_j\,;\, 0 \leq j \leq n\}$ une subdivision de l'intervalle $[t_0, T_0]$ telle que : $t_0 < t_1 < \cdots < t_n = T_0$.
Posons : $h_k = t_{k+1} - t_k$, $0 \leq k \leq n-1$.
On appelle **méthode d'intégration approchée à pas séparés (ou à un pas) du problème différentiel (S_0) relativement à la subdivision** $\{t_j\,;\, 0 \leq j \leq n\}$ une méthode qui a pour objectif de calculer les valeurs approchées $x_1, \ldots, x_n$

de la solution exacte $X(\cdot\,;u_0)$ de (S_0) aux points $t_1,\ldots,t_n$ respectivement au moyen des formules de récurrence du type suivant :

$$(\widetilde{S}_0) \quad x_{k+1} = x_k + h_k\, F(t_k, x_k, h_k) \quad , \quad 0 \le k \le n-1$$

où F est une fonction numérique sur $\mathbb{R}^3$ définie par un algorithme qui n'opère que sur f.
F est appelée **fonction incrément approché.**

On dira, dans la suite, que la méthode à pas séparés définie par les formules $(\widetilde{S}_0)$ est la **méthode à pas séparés associée à F.**

Exemples 1.1.

(i) **Méthode d'Euler :** $F(t,x,h) = f(t,x)$.

(ii) **Méthode de Taylor d'ordre $q \in \mathbb{N}^*$:**

$$F(t,x,h) = f(t,x) + \sum_{j=1}^{q} \frac{h^j}{j+1!}\, f_j(t,x)$$

où : $f_0 = f, \quad f_{j+1} = \left(\dfrac{\partial}{\partial t} + f \cdot \dfrac{\partial}{\partial x}\right) f_j.$

(iii) **Méthode de la tangente améliorée**

$$F(t,x,h) = f\left[t + \frac{h}{2},\, x + \frac{h}{2}\, f(t,x)\right].$$

2. Consistance, stabilité, convergence des méthodes à pas séparés

Pour tout $n \in \mathbb{N}^*$, désignons par $\{t_k^n\ ;\ 0 \le k \le n\}$ une subdivision de $[t_0, T_0]$ telle que : $t_0 = t_0^n < \cdots < t_n^n = T_0$, et posons :

$$h_k^n = t_{k+1}^n - t_k^n \quad , \quad 0 \le k \le n-1.$$

Soit $\{x_k^n\,;\, 0 \le k \le n\}$ la suite de nombres réels telle que :

$$x_{k+1}^n = x_k^n + h_k^n\, F(t_k^n,\, x_k^n,\, h_k^n) \quad , \quad 0 \le k \le n-1.$$

Posons : $\forall k \in \{0,\ldots,n\} \qquad e_k^n = X(t_k^n\,;\, u_0) - x_k^n.$

Désignons par Λ^1 (resp. Λ^∞) l'espace vectoriel des suites infinies de nombres réels $\alpha = \{\alpha_j \, ; \, j \in \mathbb{N}\}$ telles que :

$$\| \alpha \|_1 = \sum_{j=0}^{\infty} |\alpha_j| < +\infty \quad (\text{resp. } \| \alpha \|_\infty = \text{Sup.}\{|\alpha_j| \, ; \, j \in \mathbb{N}\} < +\infty)$$

$\| \cdot \|_1$ (resp. $\| \cdot \|_\infty$) est une norme sur Λ^1(resp. Λ^∞).

Notons $e^n = (e_0^n, \ldots, e_n^n, 0 \ldots)$ (resp. $h^n = (h_0^n, \ldots, h_{n-1}^n, 0, \ldots)$) la suite infinie dénombrable de nombres réels dont tous les termes de rang strictement supérieur à $(n+1)$(resp. n) sont nuls. Evidemment e^n et h^n sont des éléments de Λ^1 et aussi de Λ^∞.

Définition 2.1. : On dira que la méthode à pas séparés associée à F est **convergente** si :

$$\begin{array}{lll} \text{lorsque} & \lim\limits_{n\to\infty} \| h^n \|_\infty = 0 \quad \text{et} & \lim\limits_{n\to\infty} x_0^n = x_0 \\ \text{alors} & \lim\limits_{n\to\infty} \| e^n \|_\infty = 0 & \end{array}$$

Définition 2.2. : Nous dirons que la méthode à pas séparés associée à F est **stable** s'il existe trois nombres réels strictement positifs M_1, M_2, h tels que :

les suites $\{x_k \, ; \, 0 \leq k \leq n\}$ et $\{y_k \, ; \, 0 \leq k \leq n\}$ définies

par les relations de récurrence suivantes :

$$\begin{aligned} x_{k+1} &= x_k + h_k \, F(t_k, x_k, h_k) & 0 \leq k \leq n-1 \\ y_{k+1} &= y_k + h_k \, F(t_k, y_k, h_k) + \eta_k & 0 \leq k \leq n-1 \end{aligned}$$

vérifient la condition suivante :

$$\max\{|y_k - x_k| \, ; \, 1 \leq k \leq n\} \leq M_1 |y_0 - x_0| + M_2 \left(\sum_{k=0}^{n-1} |\eta_k| \right)$$

dès que : $\max\{h_k \, ; \, 0 \leq k \leq n-1\} \leq h$.

Exemple 2.1. : Méthode de Taylor d'ordre $p \in \mathbb{N}^*$
Supposons que $f \in C^{p+1}([t_0, T_0] \times \mathbb{R})$ et que :

$$F(t, x, h) = f(t, x) + \sum_{k=1}^{p} \frac{h^k}{\overline{k+1}!} f_k(t, x)$$

(cf. Exemple 1.1. ci-dessus).

Considérons les suites $\{x_k\,;\,0 \leq k \leq n\}$ et $\{y_k\,;\,0 \leq k \leq n\}$ telles que :

$$\begin{cases} x_{k+1} = x_k + h_k F(t_k, x_k, h_k) \\ y_{k+1} = y_k + h_k F(t_k, y_k, h_k) + \eta_k \end{cases} \quad 0 \leq k \leq n-1$$

Supposons que : $\max\{h_k\,;\,0 \leq k \leq n-1\} \leq h$, $h \in \mathbb{R}_+^*$
et que : $\forall k \in \{1, \ldots, p\}$, $\exists M_k \in \mathbb{R}_+^*$

tel que $$\text{Sup.}\left\{\left|\frac{\partial f_k(t,x)}{\partial x}\right| \;;\; t \in [t_0, T_0], x \in \mathbb{R}\right\} \leq M_k$$

Posons : $M = \displaystyle\sum_{k=1}^{p} \frac{h^k}{k+1!} M_k$.

Alors : $|y_{k+1} - x_{k+1}| \leq (1 + hM)|y_k - x_k| + |\eta_k|$, $0 \leq k \leq n-1$.

On en déduit que :

$$\max\{|y_k - x_k|\,;\,1 \leq k \leq n\} \leq \exp\big(M(T_0 - t_0)\big)\left\{|y_0 - x_0| + \left(\sum_{k=0}^{n-1} |\eta_k|\right)\right\}$$

La méthode de Taylor d'ordre $p \in \mathbb{N}$ est donc stable.||

Soit φ une solution de l'équation différentielle $\dfrac{dx}{dt} = f(t,x)$ définie sur $[t_0, T_0]$.

On posera, ci-dessous : $\forall k \in \{0, \ldots, n-1\}$,

$$E_k^n(\varphi) = \varphi(t_{k+1}^n) - \varphi(t_k^n) - h_k^n F\big(t_k^n, \varphi(t_k^n), h_k^n\big),$$

$$\text{et} \quad E^n(\varphi) = \big(E_0^n(\varphi), \ldots, E_{n-1}^n(\varphi), 0, \ldots\big)$$

Définition 2.3. : On dira que la méthode à pas séparés associée à F est consistante avec l'équation différentielle $\dfrac{dx}{dt} = f(t,x)$ si :

pour toute suite de subdivision $\{\{t_j^n\,;\,0 \leq j \leq n\}, n \in \mathbb{N}^*\}$
telle que : $t_0 = t_0^n < \cdots < t_n^n = T_0$, $n \in \mathbb{N}^*$,
et pour toute solution φ de l'équation différentielle $\dfrac{dx}{dt} = f(t,x)$ définie sur l'intervalle $[t_0, T_0]$, on a :

$$\lim_{n\to\infty} \| h^n \|_\infty = 0 \qquad \text{implique :} \qquad \lim_{n\to\infty} \| E^n(\varphi) \|_1 = 0$$

Théroème 2.1. Si la méthode à pas séparés associée à F est stable et consistante alors elle est convergente.

Preuve : Comme :

$$\begin{cases} x_{k+1}^n = x_k^n + h_k^n \, F(t_k^n, x_k^n, h_k^n) \\ \\ X(t_{k+1}^n) = X(t_k^n) + h_k^n \, F(t_k^n, X(t_k^n), h_k^n) + E_k^n(X) \end{cases} \qquad 0 \leq k \leq n-1$$

et comme la méthode à pas séparés associée à F est stable, il existe M_1, M_2, $h \in \mathbb{R}_+^*$ tels que :

$$\max\{|e_k^n| \,;\, 1 \leq k \leq n\} \leq M_1 \cdot |x_0^n - x_0| + M_2 \left(\sum_{k=0}^{n-1} |E_k^n(X)| \right)$$

Comme la méthode à pas séparés considérée est consistante avec l'équation différentielle $\dfrac{dx}{dt} = f(t,x)$, on sait que $\lim\limits_{n\to\infty} \big(\max\{h_k^n \,;\, 0 \leq k \leq n-1\}\big) = 0$ implique que :

$$\lim_{n\to\infty} \left(\sum_{k=0}^{n-1} |E_k^n(X)| \right) = 0.$$

En supposant que $\lim\limits_{n\to\infty} x_0^n = x_0$, on déduit alors immédiatement le résultat annoncé.||

3. Ordre d'une méthode à pas séparés

Nous utiliserons, dans ce paragraphe, les mêmes notations qu'au paragraphe 2.

Définition 3.1. : On dira que **la méthode à pas séparés associée à F est d'ordre $p \in \mathbb{N}^*$** si :

pour toute solution φ de l'équation différentielle $\dfrac{dx}{dt} = f(t,x)$ définie sur $[t_0, T_0]$ et pour toute suite de subdivisions $\big\{\{t_j^n \,;\, 0 \leq j \leq n\} \,;\, n \in \mathbb{N}^*\big\}$ vérifiant les conditions : $t_0 = t_0^n < \cdots < t_n^n = T_0$, on a :

$$\forall n \in \mathbb{N}^*, \quad \| E^n(\varphi) \|_1 = \big(\| h^n \|_\infty \big)^{p-1} \, \eta_n(\varphi, F)$$

$$\text{avec :} \quad \lim_{n\to\infty} \| h^n \|_\infty = 0 \qquad \text{implique :} \quad \lim_{n\to\infty} \eta_n(\varphi, F) = 0$$

Il en résulte que la méthode considérée est consistante si et seulement si elle est d'ordre un.

Proposition 3.1. : Soit $p \in \mathbb{N}^*$.
Supposons que : $f \in C^p([t_0, T_0] \times \mathbb{R})$ et que :

$$\frac{\partial^j F}{\partial h^j} \in C^0([t_0, T_0] \times R \times [0, h^*]), \quad 0 \le j \le p \quad h^* \in \mathbb{R}_+^*, \ h^* \text{ fixé}$$

(i) Si pour tout $u = (t, x) \in [t_0, T_0] \times \mathbb{R}$, on a :

$$\frac{\partial^j F}{\partial h^j}(t, x, 0) = \frac{1}{j+1} f_j(t, x) \quad , \quad 0 \le j \le p-1,$$

alors, la méthode à pas séparés associée à F est d'ordre p.

(ii) Si pour tout $u = (t, x) \in [t_0, T_0] \times \mathbb{R}$, le problème différentiel $\left(\frac{dy}{ds} = f(s, y) \ , \ y(t) = x\right)$ admet une solution $Y(\cdot\,; u)$ définie sur l'intervalle $[t_0, T_0]$ et si la méthode à pas séparés associée à F est d'ordre p, alors :
pour tout $u = (t, x) \in [t_0, T_0] \times \mathbb{R}$, on a :

$$\frac{\partial^j F}{\partial h^j}(t, x, 0) = \frac{1}{j+1} f_j(t, x) \quad , \quad 0 \le j \le p-1$$

Preuve : $\forall (t, x, h) \in [t_0, T_0] \times \mathbb{R} \times [0, h^*], \quad \forall q \in \{1, \ldots, p-1\}$

$$F(t, x, h) = \sum_{j=0}^{q-1} \frac{h^j}{j!} \frac{\partial^j F}{\partial h^j}(t, x, 0) + \frac{h^q}{q!} \frac{\partial^q F}{\partial h^j}(t, x, \varsigma(t, x, h)) \ , \ \varsigma \in [0, h^*]$$

D'autre part, si φ est une solution de l'équation différentielle $\frac{dx}{dt} = f(t, x)$ définie sur $[t_0, T_0]$ et si $\varphi \in C^{p+1}[t_0, T_0]$ alors :

$\forall t, \ t + h \in [t_0, T_0], \quad \forall q \in \{1, \ldots, p-1\}$

$$\varphi(t+h) - \varphi(t) = \sum_{j=1}^{q} \frac{h^j}{j!} \varphi^{(j)}(t) + \frac{h^{q+1}}{q+1!} \varphi^{(q+1)}(\tau(t, h)) \quad , \quad \tau \in [t_0, T_0]$$

Posons :

$$\| \varphi^{(q+1)} \|_\infty = \text{Sup.} \left\{ |\varphi^{(q+1)}(t)| \ ; \ t \in [t_0, T_0] \right\}$$

et : $$\| \frac{\partial^q F}{\partial h^j} \|_{\varphi, \infty} = \text{Sup.} \left\{ \left| \frac{\partial^q F}{\partial h^j}(t, \varphi(t), h) \right| \ ; \ t \in [t_0, T_0], \ h \in [0, h^*] \right\}$$

On vérifie facilement que : $\forall t, t+h \in [t_0, T_0]$,

$$|\varphi(t+h) - \varphi(t) - h\,F(t,\varphi(t),h)| \leq \sum_{j=1}^{q} \frac{h^j}{j!} \left| f_{j-1}(t,\varphi(t)) - j\,\frac{\partial^{j-1}F(t,\varphi(t),0)}{\partial h^{j-1}} \right|$$

$$+ \frac{h^{q+1}}{q+1!} \left(\| \varphi^{(q+1)} \|_\infty + (q+1) \cdot \| \frac{\partial^q F}{\partial h^j} \|_{\varphi,\infty} \right)$$

(i) Des hypothèses faites, il résulte que : $\forall k \in \{0, \ldots, n-1\}$,

$$|E_k^n(\varphi)| \leq \frac{(\,\|h^n\|_\infty\,)^p}{p+1!} \cdot h_k^n \cdot \left(\| \varphi^{(p+1)} \|_\infty + (p+1) \| \frac{\partial^p F}{\partial h^p} \|_{\varphi,\infty} \right)$$

et par conséquent :

$$\| E^n(\varphi) \|_1 \leq C_0(\varphi, F) \times \frac{T_0 - t_0}{p+1!} (\,\| h^n \|_\infty\,)^p,$$

d'où facilement le résultat.

(ii) Supposons qu'il existe $q \in \{1, \ldots, p-1\}$ et une partie I de $[t_0, T_0]$ dont la mesure soit strictement positive tels que :

$$\begin{cases} \forall t \in [t_0, T_0], & f_j(t,\varphi(t)) - (j+1)\dfrac{\partial^j F}{\partial h^j}(t,\varphi(t),0) = 0 \quad , \quad 0 \leq j \leq q-1 \\ \forall t \in I, & f_q(t,\varphi(t)) - (q+1)\dfrac{\partial^q F}{\partial h^q}(t,\varphi(t),0) \neq 0 \end{cases}$$

Supposons, ce qui est loisible, que : $h_k^n = \dfrac{T_0 - t_0}{n} = h_n$,
$0 \leq k \leq n-1$
Alors : $\forall k \in \{0, \ldots, n-1\}$,

$$E_k^n(\varphi) = \frac{(h_n)^{q+1}}{q+1!} \left[f_q(t_k^n, \varphi(t_k^n)) - (q+1)\frac{\partial^q F}{\partial h^q}(t_k^n, \varphi(t_k^n), 0) \right] + O\left[(h_n)^{q+1}\right]$$

Donc :

$$\frac{1}{(h_n)^q} \| E^n(\varphi) \|_1 = \frac{1}{q+1!} \left\{ \sum_{k=0}^{n-1} h_n \left| f_q(t_k^n, \varphi(t_k^n)) - (q+1)\frac{\partial^q F}{\partial h^q}(t_k^n, \varphi(t_k^n), 0) \right| \right\} + O$$

et

$$\frac{1}{(h_n)^q} \| E^n(\varphi) \|_1 = (h_n)^{p-1-q} \cdot \eta_n(\varphi, F)$$

Il en résulte que :

$$0 = \lim_{n\to\infty} \frac{1}{(h_n)^q} \| E^n(\varphi) \|_1 = \frac{1}{q+1!} \int_{t_0}^{T_0} \left| f_q(t,\varphi(t)) - (q+1)\frac{\partial^q F}{\partial h^q}(t,\varphi(t),0) \right| dt$$

ce qui est impossible.

Ainsi :

$$\forall\, j \in \{0,\ldots,p-1\}, \qquad \forall u = (t,x) \in [t_0,T_0] \times \mathbb{R}$$

$$f_j\big(t,Y(t;u)\big) - (j+1)\frac{\partial^j F}{\partial h^j}\big(t,Y(t;u),0\big) = 0$$

d'où, facilement le résultat annoncé.||

4. Evaluation de l'erreur dans une méthode à pas séparés

On supposera dans ce paragraphe que pour tout $u = (t,x) \in [t_0,T_0] \times \mathbb{R}$ le problème différentiel $\left(\dfrac{dy}{ds} = f(s,y)\,,\; y(t) = x\right)$ admet une solution $Y(\cdot\,;\,u)$ définie sur l'intervalle $[t_0,T_0]$.

Lemme 4.1. : Supposons que : $p \in \mathbb{N}^*$, $h^* \in \mathbb{R}_+^*$,

$$f \in C^{p+1}\big([t_0,T_0] \times \mathbb{R}\big)\;,\; F \in C^{p+1}\big([t_0,T_0] \times \mathbb{R} \times [0,h^*]\big)$$

et que la méthode à pas séparés associée à F soit d'ordre p.

Etant donné $t \in [t_0,T_0]$, $h \in [0,h^*]$, $x \in \mathbb{R}$, posons :

$$y(t) = x\;,\; Y(t+h) = x + h\,F(t,x,h)$$
$$e(t) = X(t;u_0) - Y(t)\;,\; e(t+h) = X(t+h;u_0) - Y(t+h).$$

Alors :

$$\begin{aligned} e(t+h) =\,& e(t) + h\, f_x\big(t,X(t;u_0)\big)\, e(t) - h\,\frac{\big(e(t)\big)^2}{2!}\,\overline{F}_{xx} + h^2\, e(t)\,\overline{F}_{hx} \\ &+ h^{p+1}\cdot \psi_p\big(t,X(t),0\big) + O(h^{p+2}) \end{aligned}$$

où : $\psi_p(t,x,0) = \dfrac{1}{\overline{p+1}!}\,\big(f_p(t,x,0) - (p+1)F_{h^p}\,(t,x,0)\big)$

$$F_{h^j} = \frac{\partial^j F}{\partial h^j}\;,\; \overline{F}_{hx} = \frac{\partial^2 F}{\partial h\,\partial x}\big(t,X(t;u_0),\theta_1 h\big)\;,\; 0 \le \theta_1 \le 1$$

$$\overline{F}_{xx} = \frac{\partial^2 F}{\partial x^2}(t,\overline{x},h)\;,\; \overline{x} = \theta\, X(t) + (1-\theta)x\;,\; \theta \in]0,1[.$$

Preuve :

$$e(t+h)-e(t)=X(t+h)-X(t)-[Y(t+h)-Y(t)]$$
$$=X(t+h)-X(t)-h\,F(t,x,h).$$

Mais :

$$X(t+h)-X(t)=\sum_{j=1}^{p+1}\frac{h^j}{j!}X^{(j)}(t)+O(h^{p+2})$$
$$=\sum_{j=0}^{p}\frac{h^{j+1}}{\overline{j+1}!}f_j\big(t,X(t)\big)+O(h^{p+2}).$$

D'autre part :

$$F(t,x,h)=F\big(t,X(t)-e(t),h\big)$$
$$=F\big(t,X(t),h\big)-e(t)\,F_x\big(t,X(t),h\big)+\frac{\big(e(t)\big)^2}{2!}\overline{F}_{xx}$$

où $\overline{F}_{xx}=F_{xx}(t,\overline{x},h)$, $\overline{x}=\theta\,X(t)+(1-\theta)x$, $0<\theta<1$. De plus :

$$hF\big(t,X(t),h\big)=\sum_{j=0}^{p}\frac{h^{j+1}}{j!}F_{h^j}\big(t,X(t),0\big)+O(h^{p+2})$$
$$=\sum_{j=0}^{p-1}\frac{h^{j+1}}{\overline{j+1}!}f_j\big(t,X(t)\big)+\frac{h^{p+1}}{p!}F_{h^p}\big(t,X(t),0\big)+O(h^{p+2})$$

Comme la méthode à pas séparés associée à F est consistante (puisque d'ordre $p\in\mathbb{N}^*$), on a :

$$\forall t\in[t_0,T_0],\quad \forall x\in\mathbb{R},\quad f(t,x)=F(t,x,0).$$

On en déduit que : $F_x(t,x,0)=f_x(t,x)$ et que :

$$F_x\big(t,X(t),h\big)=f_x\big(t,X(t)\big)+h\,\overline{F}_{hx}$$

où $\overline{F}_{hx}=F_{hx}\big(t,X(t),\theta_1 h\big)$, $0<\theta_1<1$

En regroupant les résultats ci-dessus, on en déduit facilement le résultat annoncé.||

Proposition 4.1. : Soit $p\in\mathbb{N}^*$ et $h^*\in\mathbb{R}_+^*$.
On suppose que :

$$f\in C^{p+1}\big([t_0,T_0]\times\mathbb{R}\big)\ ,\ F\in C^{p+1}\big([t_0,T_0]\times\mathbb{R}\times[0,h^*]\big)$$

On considère la suite de nombres réels $\{x_k\ ;\ 0\le k\le n\}$ telle que :

$$x_{k+1}=x_k+h_k\,F\big(t_k,x_k,h_k\big)\quad,\quad 0\le k\le n-1$$

où : $h_k\in[0,h^*]$, $0\le k\le n-1$.

On pose : $\forall k \in \{0,\ldots,n\}$, $e(t_k;u_0) = X(t_k;u_0) - x_k$
et : $\forall k \in \{0,\ldots,n-1\}$,

$$E_k(X) = X(t_{k+1};u_0) - X(t_k;u_0) - h_k\, F(t_k, X(t_k;u_0), h_k)$$

On suppose que : $\displaystyle\sum_{k=0}^{n-1} |E_k(X)| \leq C(X,F)(\overline{h})^p$
où $\overline{h} = \max\{h_k\,;\, 0 \leq k \leq n-1\}$.

La méthode à pas séparés associée à F est donc d'ordre p. On suppose, de plus, qu'elle est stable. Alors :

(i) $\forall k \in \{0,\ldots,n-1\}$,

$$e(t_{k+1}) = e(t_k) + h_k\, f_x\big(t_k, X(t_k)\big) + (h_k)^{p+1}\psi_p\big(t_k, X(t_k), 0\big) + O\big((\overline{h})^{p+2}\big)$$

(ii) On suppose que : $\forall k \in \{0,\ldots,n-1\}$, $t_{k+1} - t_k = h = \dfrac{T_0 - t_0}{n}$.

Alors : $\forall k \in \{0,\ldots,n\}$, $e(t_k;u_0) = h^p\, E(t_k;u_0) + O(h^{p+1})$
où $E(\cdot\,;\,u_0)$ est solution du problème différentiel **linéaire** :

$$\begin{cases} y' = f_x\big(\cdot, X(\cdot\,;\,u_0)\big)\cdot y + \psi_p\big(\cdot\,,\, X(\cdot\,;\,u_0)\big) \\ y(t_0) = 0 \end{cases}$$

Preuve :

(i) Du lemme 4.1., on déduit, avec des notations simplifiées (évidentes) que :

$$e(t_{k+1}) = e(t_k) + h_k\, f_x\big(t_k, X(t_k)\big)\cdot e(t_k) + h_k^{p+1}\cdot \psi_p\big(t_k, X(t_k), 0\big)$$
$$+\, h_k^2\, e(t_k)\overline{F}_{hx} - h_k\,\frac{\big(e(t_k)\big)^2}{2!}\,\overline{F}_{xx} + O\big(h_k^{p+2}\big)$$

Comme la méthode considérée est stable, il existe $M_2 \in \mathbb{R}_+^*$ tel que :

$$\max\{|e(t_k)|\,;\, 1 \leq k \leq n\} \leq M_2\, C(X,F)(\overline{h})^p$$

On en déduit immédiatement que :

$$h_k^2\, e(t_k)\,\overline{F}_{hx} = O\big((\overline{h})^{p+2}\big) \quad \text{et que :}$$
$$h_k\big(e(t_k)\big)^2\,\overline{F}_{xx} = O\big((\overline{h})^{2p+1}\big) = O\big((\overline{h})^{p+2}\big) \quad \text{car } p \in \mathbb{N}^*.$$

d'où le résultat annoncé.

(ii) Posons : $\forall k \in \{0,\dots,n\}, \quad e(t_k) = h^p\,\widetilde{e}(t_k)$. On a :

$$\widetilde{e}(t_{k+1}) = \widetilde{e}(t_k) + h\,f_x\big(t_k, X(t_k)\big)\widetilde{e}(t_k) + \frac{h}{p+1!}\psi_p\big(t_k, X(t_k), 0\big) + O(h^2)$$

Soit E la solution du problème différentiel linéaire :

$$\begin{cases} y' = f_x\big(\cdot\,, X(\cdot)\big)\cdot y + \psi_p\big(\cdot, X(\cdot)\big) \\ y(t_0) = 0 \end{cases}$$

Puisque $f \in C^{p+1}([t_0, T_0] \times \mathbb{R})$ où $p \in \mathbb{N}^*$, on déduit que $E \in C^2[t_0, T_0]$ et en utilisant la formule de Taylor que :

$$\forall k \in \{0,\dots,n-1\}, \quad E(t_{k+1}) \;=\; E(t_k) \;+\; h\,E'(t_k) \;+\; O(h^2).$$

Donc :

$$\widetilde{e}(t_{k+1}) - E(t_{k+1}) \;=\; \big(\widetilde{e}(t_k) - E(t_k)\big)\,\big[1 + h\,f_x\big(t_k, X(t_k)\big)\big] + O(h^2).$$

Posons : $M = \max\{|f_x\big(t, X(t)\big)| \;\; t \in [t_0, T_0]\}$. Alors :

$$\big|\widetilde{e}(t_{k+1}) - E(t_{k+1})\big| \leq (1 + hM)\big|\widetilde{e}(t_k) - E(t_k)\big| + O(h^2)$$

Du lemme 3.1., on déduit que :

$$\max\big\{|\widetilde{e}(t_k) - E(t_k)|\,;\; 0 \leq k \leq n\big\} \;=\; O(h)$$

$$\text{et} \qquad e(t_k) \;=\; h^p\,E(t_k) + O\big(h^{p+1}\big).\ \|$$

Exercice 4.1. : On suppose qu'il existe $g \in C^1([t_0, T_0])$, g strictement croissante telle que :

$$\forall k \in \{0, 1, \dots, n\}, \quad t_k = g(s_k)$$

avec $s_0 = t_0$, $\quad s_{k+1} - s_k = h = \dfrac{T_0 - t_0}{n}, \quad 0 \leq k \leq n-1.$

Montrer que : $\forall k \in \{0,\dots,n\}, \quad e(t_k; u_0) = h^p E(t_k; u_0) + O(h^{p+1})$ où $E(\cdot\,; u_0)$ est solution du problème différentiel **linéaire** :

$$y' = f_x\big(\cdot, X(\cdot; u_0)\big)\cdot y + (a)^{p+1}\psi_p\big(\cdot, X(\cdot; u_0)\big)\;, \; y(t_0) = 0$$

avec : $a = g' o g^{-1}$. $\|$

Exercice 4.2. : Rappelons d'abord que si $\mathcal{E}$ et $\mathcal{F}$ sont deux espaces de Banach et A une application de $\mathcal{E}$ dans $\mathcal{F}$ on dit que A est différentiable en $\varphi \in \mathcal{E}$ si :

(*) A est continue au point φ

(**) Il existe une application **linéaire** continue $L(\varphi)$ de $\mathcal{E}$ dans $\mathcal{F}$ telle que :

$$\lim_{\|\varsigma\|_{\mathcal{E}}\to 0} \| A(\varphi+\varsigma) - A\varphi - L(\varphi)\varsigma \| = 0.$$

Notons A l'application de $C^1[t_0, T_0]$ dans R^n telle que : $\forall\varphi \in C^1[t_0, T_0]$,

$$A\varphi = \{\varphi(t_0) - x_0,\ \varphi(t_{k+1}) - \varphi(t_k) - h\,F\big(t_k, \varphi(t_k), h_k\big)\,,\ 0 \le k \le n-1\}$$

Déduire de la condition : $A\big(X(\cdot\,;\,u_0) - e(\cdot\,;\,u_0)\big) = 0$ la propriété énoncée au (ii) de la proposition 4.1.

Indication : Ecrire le développement de Taylor de $A\big(X(\cdot\,;\,u_0) - e(\cdot\,;\,u_0)\big)$ au point $X(\cdot\,;\,u_0)$. ||

CHAPITRE IX

La méthode de Runge et Kutta (R-K)

1. Introduction

Nous supposerons dans ce chapitre que pour tout $u = (t, x) \in [t_0, T_0] \times \mathbb{R}$, le problème différentiel $\left(\dfrac{dy}{ds} = f(s, y)\,,\; y(t) = x\right)$ admet une solution $Y(\cdot\,; u)$ définie sur l'intervalle $[t_0, T_0]$.

Soit $t, t+h \in [t_0, T_0]$, $q \in \mathbb{N}^*$ et $\{t_\beta ; 0 \leq \beta \leq q\}$ une subdivision de $[t, t+h]$ telle que : $t_\beta = t + \theta_\beta h$, $0 \leq \beta \leq q$ où

$$\theta_0 = 0\,,\; \theta_q = 1 \quad , \quad 0 < \theta_\beta \leq 1 \quad , \quad 0 < \beta < q.$$

Posons : $\forall x \in C^0[t, t_\beta] \quad , \quad l_\beta(x) = \displaystyle\int_t^{t_\beta} x(s)\, ds.$

l_β est une fonctionnelle (linéaire) sur $C^0[t, t_\beta]$.

Supposons que pour tout $\beta \in \{0, 1, \ldots, q\}$, $\displaystyle\sum_{\gamma=0}^{\beta-1} a_{\beta\gamma}\delta_{t_\gamma}$ représente exactement l_β sur $\mathcal{P}_{\beta-1}(t, t_\beta)$.

Alors : $\forall x \in \mathcal{P}_\beta(t,t_\beta),\ \sum_{\gamma=0}^{\beta-1} a_{\beta\gamma}\, x'(t_\gamma) = x(t_\beta) - x(t)$, et si f est suffisamment régulière pour que :

$$Y(\cdot\,;u) \in C^{q+1}[t_0,T_0], \quad \text{alors :}$$

$$Y(t+h;u) - Y(t;u) - \sum_{\beta=0}^{q-1} a_{q\beta}\, f\big(t_\beta, Y(t_\beta;u)\big) = O\big(h^{q+1}\big)$$

$Y(t;u) + \sum_{\beta=0}^{q-1} a_{q\beta}\, f\big(t_\beta, Y(t_\beta;u)\big)$ est un approximant de $Y(t+h;u)$ qui dépend des valeurs de $Y(\cdot;u)$ aux points de la subdivision $\{t_\beta; 0 \le \beta \le q\}$.

Cependant, il est loisible de penser, qu'à partir de cet approximant, on pourrait obtenir un "bon" approximant de $Y(t+h;u)$ qui ne dépende que de $Y(t;u)$ en remplaçant $Y(t_\beta,u)$ par $\sum_{j=0}^{\beta-1} A_{\beta\gamma}\, Y(t_\gamma;u)$ toutes les fois que cela sera nécessaire.

On est ainsi conduit à considérer, de façon générale, la suite :

$$\begin{cases} Y_0(t+h;u) = x \\ Y_\alpha(t+h;u) = x + h \sum_{\beta=0}^{\alpha-1} \big[A_{\alpha\beta}\, f\big(t_\beta, Y_\beta(t+h;u)\big)\big] \quad 1 \le \alpha \le q \end{cases}$$

et à examiner pour quel(s) choix des coefficients $\{A_{\alpha\beta}\,;\ 0 \le \beta \le \alpha-1\}$, $Y_\alpha(t+h;u)$ est un "bon" approximant de $Y(t+h;u)$.

C'est ce que nous allons faire ci-dessous.

2. Définition de la méthode de R-K. Exemples

Définition 2.1. : On appellera **méthode de R-K de rang $q \in N^*$**, la méthode à pas séparés telle que :

$$F(t,x,h) = \sum_{\beta=0}^{q-1} A_{q\beta}\, f(t_\beta, x_\beta)$$

où $A_{\alpha\beta} \in \mathbb{R}$, $h \in \mathbb{R}_+^*$,

$$x_\alpha = x + h\left(\sum_{\beta=0}^{\alpha-1} A_{\alpha\beta}\, f(t_\beta, x_\beta)\right) \quad , \quad 1 \le \alpha \le q$$

$$t_\alpha = t + \theta_\alpha h\,, \quad \text{avec} \quad \theta_0 = 0 \quad , \quad \theta_q = 1, \quad \theta_\alpha \in]0,1] \quad \text{si } 0 < \alpha < q$$

Proposition 2.1. : Supposons que :

$$f \in C^1([t_0, T_0] \times \mathbb{R}) \quad \text{et}$$

$$\frac{\partial^j F}{\partial h^j} \in C^0([t_0, T_0] \times \mathbb{R} \times [0, h^*]), \quad j = 0, 1, \quad h^* \in \mathbb{R}_+^*.$$

Pour que la méthode de R-K de rang $q \in \mathbb{N}^*$ soit consistante, il faut et il suffit que :

$$\sum_{\beta=0}^{q-1} A_{q\beta} \;=\; \theta_q \;=\; 1$$

Preuve : De la proposition 3.1. du chapitre précédent, on déduit que la méthode de R-K considérée est consistante si et seulement si :

$$f(t,x) \;=\; F(t,x,0) \;=\; \sum_{\beta=0}^{q-1} A_{\alpha\beta}\, f(t,x),$$

D'où le résultat annoncé.‖

Dans la suite, nous imposerons, sans que cela ait un caractère de nécessité, que les formules utilisées à chaque niveau α soient consistantes, c'est-à-dire :

$$\sum_{\beta=0}^{\alpha-1} A_{\alpha\beta} \;=\; \theta_\alpha \quad , \quad 1 \le \alpha \le q.$$

Exemples 2.1.

(i) **Méthode de R-K de rang un et d'ordre un**
Elle est caractérisée par la relation :

$$\boxed{A_{10} \;=\; 1}$$

C'est la **méthode d'Euler**.

(ii) **Méthode de R-K de rang deux et d'ordre deux**
On sait que :

$$\begin{aligned} Y_2(t+h;u) &= x + h[A_{20}\, f(t,x) \;+\; A_{21}\, f(t_1,x_1)] \\ &= x + h\big[A_{20}\, f(t,x) \;+\; A_{21}\, f\big(t+\theta_1 h,\; x + h\, A_{10}\, f(t,x)\big)\big] \end{aligned}$$

Si f est suffisamment régulière, on a :

$$\begin{aligned} F(t,x,h) &= A_{20}\, f(t,x) + A_{21}\, f\big(t+\theta_1 h,\, x + h\, A_{10}\, f(t,x)\big) \\ \frac{\partial F}{\partial h}(t,x,h) &= \big(A_{21}\,\theta_1\, f_t + A_{21}\, A_{10}(f\cdot f_x)\big)\big(t+\theta_1 h,\, x + h\, A_{10}\, f(t,x)\big), \\ \frac{\partial^2 F}{\partial h^2}(t,x,h) &= \big\{(A_{21}\,\theta_1)\,(\theta_1\, f_{tt} + A_{10}\, f\cdot f_{tx}) + (A_{21}\cdot A_{10})\big[\theta_1(f_t\cdot f_x + f\cdot f_{tx} \\ &\quad + A_{10}\, f\cdot\big((f_x)^2 + f\cdot f_{xx}\big)\big]\big\}\big(t+\theta_1 h,\, x + h\, A_{10}\, f(t,x)\big) \end{aligned}$$

On en déduit que :

$$\begin{aligned} F(t,x,0) &= (A_{20} + A_{21})\, f(t,x) \\ \frac{\partial F}{\partial h}(t,x,0) &= A_{21}\cdot\theta_1\, f_t(t,x) \;+\; A_{21}\cdot A_{10}\, f(t,x)\cdot f_x(t,x) \end{aligned}$$

Pour que la méthode considérée soit d'ordre deux, il faut et il suffit que :

$$A_{20} + A_{21} = 1, \quad 2\,A_{21}\,\theta_1 = 1, \quad 2\,A_{21}\cdot A_{10} = 1.$$

En ajoutant la condition supplémentaire $A_{10} = \theta_1$, on obtient :

$$\boxed{A_{10} = \theta_1\,, \quad A_{20} = 1 - \frac{1}{2\theta_1}\,, \quad A_{21} = \frac{1}{2\theta_1}\,, \quad \theta_1 \neq 0}$$

et $\psi_2(t,x) \;=\; \dfrac{1}{3!}\left[\left(1 - \dfrac{3}{2}\theta_1\right)\phi_0(t,x) \;+\; \phi_1(t,x)\right]$

ϕ_0 et ϕ_1 étant des fonctions qu'on laisse au lecteur le soin d'expliciter à partir de $\dfrac{\partial^2 F}{\partial h^2}(t,x,0)$.

On distingue trois types de formules :

Tangente améliorée : $\theta_1 = \dfrac{1}{2}$ $\quad A = \begin{array}{|c|c} \hline \frac{1}{2} & \\ \hline 0 & \multicolumn{1}{c|}{1} \\ \hline \end{array}$

Euler-Cauchy : $\theta_1 = 1$ $\quad A = \begin{array}{|c|c} \hline 1 & \\ \hline \frac{1}{2} & \multicolumn{1}{c|}{\frac{1}{2}} \\ \hline \end{array}$

Formule de Heun : $\theta_1 = \dfrac{2}{3}$ $\quad A = \begin{array}{|c|c} \hline \frac{2}{3} & \\ \hline \frac{1}{4} & \multicolumn{1}{c|}{\frac{3}{4}} \\ \hline \end{array}$

(iii) **Méthode de R-K de rang trois et d'ordre trois**

On vérifie facilement que :

$$\begin{aligned} F(t,x,h) &= A_{30}\, f(t,x) + A_{31}\, f\big(t+\theta_1 h,\, x + h\, A_{10}\, f(t,x)\big) \\ &\quad + A_{32}\, f\,\big(t+\theta_2 h, x + h\big[A_{20} f(t,x) \\ &\qquad + A_{21} f\big(t+\theta_1 h, x + h\, A_{10} f(t,x)\big)\big]\big) \end{aligned}$$

Comme dans l'exemple précédent, on déduit que la méthode considérée est d'ordre trois si :

$$\left\{\begin{array}{l} A_{10} = \theta_1 \\ A_{20} + A_{21} = \theta_2 \\ A_{30} + A_{31} + A_{32} = \theta_3 = 1 \end{array}\right. \qquad \left\{\begin{array}{l} A_{31}\,\theta_1 + A_{32}\,\theta_2 = \dfrac{1}{2} \\ A_{31}\,(\theta_1)^2 \cdot A_{32}\,(\theta_2)^2 = \dfrac{1}{3} \\ A_{32}\, A_{21}\, \theta_1 = \dfrac{1}{6} \end{array}\right.$$

Alors :

$$\begin{aligned} \psi_3(t,x) = \frac{1}{4!}\Big\{\omega_0(t,x) + \Big(\frac{1}{4} + \frac{\theta_1\theta_2}{2} - \frac{\theta_1+\theta_2}{3}\Big)\omega_1(t,x) \\ + \Big(\frac{1}{2} - \theta_1\Big)\,\omega_2(t,x) + \Big(\frac{3}{4} - \theta_2\Big)\omega_3(t,x)\Big\} \end{aligned}$$

On distingue les types de formules suivantes :

Nyström : $\theta_1 = \theta_2 = \dfrac{2}{3}$

$$A = \begin{array}{|c|c|c|}\hline \frac{2}{3} & & \\ \hline 0 & \frac{2}{3} & \\ \hline \frac{1}{4} & \frac{3}{8} & \frac{3}{8} \\ \hline \end{array}$$

Simpson : $\theta_1 = \dfrac{1}{2}$, $\theta_2 = 1$

$$A = \begin{array}{|c|c|c|}\hline \frac{1}{2} & & \\ \hline -1 & 2 & \\ \hline \frac{1}{6} & \frac{2}{3} & \frac{1}{6} \\ \hline \end{array}$$

Optimale : $\theta_1 = \dfrac{10 - 2\sqrt{13}}{6}$, $\theta_2 = \dfrac{1 - \sqrt{13}}{6}$

$$A = \begin{array}{|c|c|c|}\hline \frac{10 - 2\sqrt{13}}{6} & & \\ \hline \frac{\sqrt{13} - 5}{24} & \frac{3 + \sqrt{13}}{18} & \\ \hline \frac{23 - 5\sqrt{13}}{24} & \frac{5 + \sqrt{13}}{24} & \frac{\sqrt{13} - 1}{6} \\ \hline \end{array}$$

(iv) **Méthode de R-K de rang quatre et d'ordre quatre**
On laisse au lecteur le soin de vérifier que les coefficients de cette méthode sont solutions du système (non linéaire) suivant :

$$\begin{cases} A_{10} = \theta_1 \\ A_{20} + A_{21} = \theta_2 \\ A_{30} + A_{31} + A_{32} = \theta_3 \\ A_{40} + A_{41} + A_{42} + A_{43} = \theta_4 = 1 \end{cases}$$

$$\begin{pmatrix} \theta_1 & \theta_2 & \theta_3 \\ (\theta_1)^2 & (\theta_2)^2 & (\theta_3)^2 \\ (\theta_1)^3 & (\theta_2)^3 & (\theta_3)^3 \end{pmatrix} \cdot \begin{pmatrix} A_{41} \\ A_{42} \\ A_{43} \end{pmatrix} = \begin{pmatrix} 1/2 \\ 1/3 \\ 1/4 \end{pmatrix}$$

$$\begin{pmatrix} \theta_2 & \theta_1 & \theta_1 \\ (\theta_2)^2 & (\theta_1)^2 & (\theta_1)^2 \\ \theta_2\theta_3 & \theta_3\theta_1 & \theta_2\theta_1 \end{pmatrix} \cdot \begin{pmatrix} A_{43} \cdot A_{32} \\ A_{43} \cdot A_{31} \\ A_{42} \cdot A_{21} \end{pmatrix} = \begin{pmatrix} 1/6 \\ 1/12 \\ 1/8 \end{pmatrix}$$

$$A_{43} \cdot A_{32} \cdot A_{21}\, \theta_1 = \frac{1}{24}$$

On démontre que l'on a nécessairement : $\theta_3 = 1$ et que :

$$\psi_4(t,x) = \frac{1}{5!}\{\varsigma_0(t,x) + (\frac{2}{5} - \theta_1)\varsigma_1(t,x) + (\frac{3}{5} - \theta_2)\varsigma_3(t,x)$$
$$+ (\frac{1}{10} + \frac{\theta_1\theta_2}{3} - \frac{\theta_1+\theta_2}{6})\varsigma_4(t,x) + \rho(\theta_1,\theta_2)\varsigma_5(t,x)\}$$

La formule classique de R-K de rang quatre et d'ordre quatre est telle que :

$$\theta_1 = \theta_2 = \frac{1}{2}\,,\ \theta_3 = 1 \quad \text{et} \quad A = \begin{array}{|c|c|c|c|} \hline \frac{1}{2} & & & \\ \hline 0 & \frac{1}{2} & & \\ \hline 0 & 0 & 1 & \\ \hline \frac{1}{6} & \frac{1}{3} & \frac{1}{3} & \frac{1}{6} \\ \hline \end{array}$$

***Méthode de R-K d'ordre supérieur à quatre**

On montre que pour obtenir une formule de R-K d'ordre cinq, il faut utiliser une méthode de R-K de rang six.

C'est pourquoi la méthode de R-K de rang quatre et d'ordre quatre est la plus utilisée.

3. Stabilité de la méthode de R-K

Supposons que :

$$\exists\, M \in R_+^*, \quad \forall t \in [t_0, T_0], \quad \forall x_1, x_2 \in \mathbb{R},$$
$$|f(t,x_1) - f(t,x_2)| \leq M|x_1 - x_2|$$

On en déduit que les méthodes considérées au paragraphe précédent, sont stables.

Vérifions cette propriété pour les deux premiers exemples considérés au paragraphe précédent :

(i) **Méthode de R-K de rang un et d'ordre un**

$$|F(t,y,\varsigma) - F(t,x,\varsigma)| = |A_{10}|\,|f(t,y) - f(t,x)| \leq M \cdot |A_{10}|\,|y-x|$$

d'où, facilement, la stabilité de cette méthode.

(ii) **Méthode de R-K de rang deux et d'ordre deux**

$$\begin{aligned}
&|F(t,y\varsigma) - F(t,x,\varsigma)| \\
&= |A_{20}f(t,y) + A_{21}f\big(t+\theta,\varsigma, y+\theta,\varsigma f(t,y)\big) \\
&\qquad - A_{20}f(t,x) - A_{21}f\big(t+\theta,\varsigma, x+\theta,\varsigma f(t,x)\big) \\
&\leq |A_{20}|M|y-x| + |A_{21}|M|y-x|(1+|\theta_1|\,|\varsigma|M) \\
&\leq [M(|A_{20}|+|A_{21}|) + M^2|A_{21}|\,|\theta_1|\,|\varsigma|]\,|y-x|
\end{aligned}$$

d'où, facilement, la stabilité de cette méthode.||.

4. Méthodes à pas liés (ou pas multiples)

La méthode de R-K, qui donne en général de bons résultats, nécessite pour le calcul de la valeur approchée x_{k+1} de la solution du problème différentiel considéré au point t_{k+1} une information en un certain nombre de points intermédiaires $t_{k,1}, \ldots, t_{k,q-1} \in]t_k, t_{k+1}]$, d'autant plus nombreux qu'on souhaite une précision plus grande.

Pour remédier à cet inconvénient, on a mis en évidence toute une gamme de méthodes, appelées méthodes à pas liés (ou à pas multiples) qui, pour le calcul de x_{k+1} utilisent l'information obtenue en $t_{k-q}, t_{k-q+1} \ldots t_k$, où q est d'autant plus élevé qu'on souhaite une précision plus grande.

Plus précisément, on énonce la définition suivante.

Définition 4.1. : On appellera **méthode à pas liés de rang $q \in \mathbb{N}^*$**, une méthode qui a pour objectif le calcul aux points de la subdivision $\{t_j \; ; \; 0 \leq j \leq n\}$ d'une solution approchée du problème différentiel : $\big(x' = f(t,x) \quad x(t_0) = x_0\big)$ au moyen de formules du type suivant :

$$\sum_{j=0}^{q} \alpha_j \, x_{k+j} = h \left(\sum_{j=0}^{q} \beta_j \, f(t_{k+j}, x_{k+j}) \right) \qquad 0 \leq k \leq n-q$$

où $\alpha_0, \alpha_1, \ldots, \alpha_q$, $\beta_0, \ldots, \beta_q$ sont des nombres réels indépendants de $k \in \{0, 1, \ldots, n-q\}$.

Si $\beta_q = 0$ on dit que la méthode est **explicite**
Si $\beta_q \neq 0$ on dit que la méthode est **implicite**

On notera que la mise en œuvre d'une méthode à pas liés de rang q nécessite la connaissance des valeurs de départ $x_0, \ldots, x_{q-1}$ avec une précision suffisante.
Ces valeurs de départ peuvent être calculées en utilisant par exemple une méthode de R-K définie aux paragraphes précédents.

Les définitions de la consistance, de l'ordre, de la stabilité et de la convergence des méthodes à pas liés sont calquées sur les définitions des mêmes notions énoncées, ci-dessus, dans le cas des méthodes à pas séparés.

TROISIÈME PARTIE

Analyse numérique matricielle

Pour traiter numériquement un problème il est fréquent de le remplacer par un problème approché obtenu en discrétisant certaines notions continues, comme ce fut le cas dans l'étude des équations différentielles. Si le problème approché est linéaire, on est conduit à résoudre un système linéaire de dimension finie. Cette dernière tâche peut paraître mineure puisqu'on sait que les formules classiques de Cramer fournissent une expression analytique de la solution d'un système linéaire en fonction des données. Or, ces formules sont totalement inadaptées à notre propos; leur intérêt est purement théorique et non numérique. En effet, leur utilisation nécessiterait un trop grand nombre d'opérations (il n'est pas rare que les systèmes à résoudre aient au moins 100 inconnues) et, même effectués par un ordinateur, les calculs seraient prohibitifs. De plus, dans l'ordinateur, les opérations arithmétiques se font avec une erreur d'arrondi et, lorsqu'il y en a trop, il est possible que l'accumulation des erreurs invalide le résultat. Il y a donc une réflexion spécifique à mener pour la résolution pratique des systèmes linéaires; c'est l'objet de cette partie. Dans ce domaine, comme dans beaucoup d'autres, l'analyse numérique n'est pas avare de méthodes. Celles-ci se partagent en deux grandes familles : les méthodes directes et les méthodes itératives.

Les méthodes directes, d'inspiration plutôt algébrique, ont pour objectif de fournir au bout d'un nombre fini d'étapes une expression théoriquement exacte de la solution en diminuant considérablement le nombre d'opérations nécessitées par la méthode de Cramer.

Pourtant, à partir d'un certain nombre de données non nulles, les méthodes directes encourent les critiques faites aux formules de Cramer.

Les méthodes itératives s'inspirent de l'analyse. Ce sont des méthodes de point fixe. Elles cherchent à définir une suite qui converge vers la solution. Ici, au bout d'un nombre fini d'étapes, on n'obtient jamais, par nature, la solution exacte. Pourtant certaines méthodes itératives s'en approchent très vite. Ces méthodes sont les seules à pouvoir fournir des résultats précis pour les très gros systèmes.

Le premier chapitre de cette partie est une introduction aux méthodes directes et utilise les outils algébriques forgés à cet effet (matrices élémentaires, matrices de Householder) pour mettre en évidence les propriétés théoriques essentielles des systèmes linéaires et certains résultats d'algèbre linéaire utiles en analyse numérique.

Dans le deuxième chapitre, on essaie de comprendre de quelle manière la solution d'un système linéaire peut être affectée par une légère modification des données. Cette étude n'est possible que si l'on dispose d'une mesure des grandeurs vectorielles et matricielles; à cet effet nous faisons quelques développements sur la notion de norme. Cette notion étant fondamentale pour les méthodes itératives que nous abordons dans le dernier chapitre. Dans celui-ci nous utilisons le résultat classique sur la décomposition de Jordan d'un endomorphisme; nous proposons une démonstration de ce résultat dans un appendice qui peut être lu après le premier chapitre sur les méthodes directes.

Nous avons voulu rendre, le plus possible, nos développements autonomes, mais cette intention doit être relativisée de deux manières. D'abord nous nous adressons à des lecteurs ayant déjà eu un contact avec l'algèbre linéaire et la topologie du niveau de la première ou deuxième année d'université; on ne définira pas, par exemple, valeur propre ou déterminant. Ensuite, nous concevons l'autonomie essentiellement au niveau des idées; beaucoup de détails techniques sont laissés au lecteur qui devra souvent disposer d'un crayon et d'un papier pour compléter nos démonstrations.

Nous précisons maintenant la signification de notations qui seront librement utilisées par la suite.

K :	corps commutatif; le plus souvent K sera $\mathbb{R}$ ou $\mathbb{C}$, mais une grande partie des méthodes directes est applicable à un corps quelconque.
$\mathcal{M}_{m,n}(K)$, $\mathcal{M}_{m,n}$:	espace vectoriel des matrices à m lignes et n colonnes à coefficients dans K. Le corps K ne sera pas précisé lorsqu'il n'y aura pas de confusion possible.
$\mathcal{M}_n(K)$, $\mathcal{M}_n$:	algèbre $\mathcal{M}_{n,n}(K)$ des matrices carrées d'ordre n. Là encore, K ne sera pas toujours précisé.
$GL_n(K)$, GL_n :	groupe multiplicatif des éléments inversibles de $\mathcal{M}_n(K)$.
$M(i,j)$:	notation utilisée quelquefois lorsque $M \in \mathcal{M}_{m,n}$; désigne le coefficient de M situé sur la ligne i et la colonne j.

K^n : espace vectoriel des n-uplets d'éléments de K. K^n est toujours identifié à $\mathcal{M}_{n,1}(K)$. Ce qui veut dire que les vecteurs sont pour nous, *a priori*, des vecteurs colonnes.

détM : déterminant de la matrice $M \in \mathcal{M}_n$.

I_n, I : matrice unité d'ordre n. Lorsque l'ordre n est clairement défini par le contexte il n'est pas précisé dans la notation.

δ_{ij} : symbole de Kronecker; scalaire qui vaut 1 si $i = j$ et 0 si $i \neq j$.

${}^tM$: transposée de la matrice $M \in \mathcal{M}_{m,n}$, définie par : $({}^tM)(i,j) = M(j,i)$.

$M^\star$: transconjuguée de la matrice $M \in M_{m,n}(\mathbb{C})$, définie par : $M^\star(i,j) = \overline{M}(j,i)$.

Nous précisons maintenant la signification d'une terminologie classique que nous utiliserons sans la redéfinir par la suite :

- une matrice $M \in \mathcal{M}_{m,n}$ est dite
  - **Triangulaire supérieure** si $i > j \implies M(i,j) = 0$
  - **Triangulaire inférieure** si $i < j \implies M(i,j) = 0$
  - **diagonale** si $i \neq j \implies M(i,j) = 0$
  - **carrée** si $m = n$
- une matrice $M \in \mathcal{M}_n$ est dite
  - **symétrique** si ${}^tM = M$
  - **hermitienne** si $K = \mathbb{C}$ et $M^\star = M$
  - **orthogonale** si $K = \mathbb{R}$ et $M\,{}^tM = {}^tMM = I$
  - **unitaire** si $K = \mathbb{C}$ et $MM^\star = M^\star M = I$
  - **normale** si $MM^\star = M^\star M$

Enfin, nous utiliserons des matrices définies par blocs telles que la matrice M suivante :

$$M = \begin{pmatrix} M_{11} & & M_{12} & & \cdots & M_{1s} \\ M_{21} & & M_{22} & & \cdots & M_{2s} \\ \cdots & \cdots & \cdots & \cdots & \cdots & \cdots \\ M_{r1} & & M_{r2} & & \cdots & M_{rs} \end{pmatrix}$$

où $M_{ij} \in \mathcal{M}_{m_i,n_j}$.

on a alors : $M \in \mathcal{M}_{m,n}$ où

$$m = m_1 + m_2 + \cdots + m_r \quad \text{et} \quad n = n_1 + n_2 + \cdots + n_r$$

Il est possible d'effectuer le produit MN lorsque N est aussi une matrice définie par blocs :

$$N = \begin{pmatrix} N_{11} & N_{12} & \vdots & N_{1t} \\ N_{21} & N_{22} & \vdots & N_{2t} \\ \vdots & \vdots & \vdots & \vdots \\ N_{s1} & N_{s2} & \vdots & N_{st} \end{pmatrix}$$

pourvu que, quel que soit $i \in \{1, \cdots, r\}$ et $j \in \{1, \cdots, t\}$, dans l'expression : $\sum_{k=1}^{s} M_{ik} N_{kj}$, tous les produits matriciels soient possibles, c'est-à-dire : $N_{kj} \in \mathcal{M}_{n_k, l_j}$.

Le produit peut alors s'exprimer aussi comme une matrice par blocs :

$$MN = \begin{pmatrix} \sum_{k=1}^{s} M_{1k} N_{k1} & \cdots & \sum_{k=1}^{s} M_{1k} N_{kt} \\ \cdots & \cdots & \cdots \\ \sum_{k=1}^{s} M_{rk} N_{k1} & \cdots & \sum_{k=1}^{s} N_{rk} M_{kt} \end{pmatrix}$$

Dans le cas où $r = s$, où les blocs M_{ij} sont nuls pour $i \neq j$ et où les blocs $M_{11}, \ldots, M_{r-1,r-1}$ sont carrés : $m_i = n_i$ $(1 \leq i \leq r-1)$, on dit que M est une **matrice diagonale par blocs** et on note :

$$M = \text{diag}(M_{11}, \ldots, M_{rr})$$

On remarquera que, dans cette définition des matrices diagonales par blocs, on permet au dernier bloc d'être rectangulaire.

En analyse numérique, on utilise aussi souvent des **matrices tridiagonales par blocs** : M est une telle matrice lorsque $r = s$, tous les blocs diagonaux $M_{ii}(1 \leq i \leq r)$ sont carrés et $M_{ij} = 0$ si $|i - j| \geq 2$.

CHAPITRE X

Les méthodes directes

Nous cherchons à résoudre le système linéaire :

$$(\Sigma)\begin{cases} a_{11}\,x_1 + a_{12}\,x_2 + \cdots + a_{1n}\,x_n &= b_1 \\ a_{21}\,x_1 + a_{22}\,x_2 + \cdots + a_{2n}\,x_n &= b_2 \\ \ldots \\ a_{m1}\,x_1 + a_{m2}\,x_2 + \cdots + a_{mn}\,x_n &= b_m \end{cases}$$

que l'on peut noter matriciellement :

$$(\Sigma) \qquad AX = B,$$

où $A \in \mathcal{M}_{m,n}$, $X \in \mathbb{R}^n$ et $B \in \mathbb{R}^m$ sont définis par :
$A(i,j) = a_{ij}$ $(1 \leq i \leq m,\ 1 \leq j \leq n)$, ${}^tB = (b_1, b_2, \ldots, b_m)$,
${}^tX = (x_1, x_2, \ldots, x_n)$.

Supposons, un instant, que la matrice A soit carrée $(m = n)$, inversible et triangulaire supérieure. Nous avons alors, immédiatement, les formules de résolution :

$$\begin{aligned} x_n &= a_{nn}^{-1}\,b_n \\ x_{n-1} &= a_{n-1,n-1}^{-1}(b_{n-1} - a_{n-1,n}\,x_n) \\ \ldots & \\ x_1 &= a_{11}^{-1}(b_1 - a_{12}\,x_2 \cdots - a_{1n}\,x_n) \end{aligned}$$

Les méthodes directes ont pour objectifs la construction de systèmes équivalents à $(\sum)$ dont la matrice est triangulaire. S'il existe une matrice inversible S telle que SA soit triangulaire, $(\sum)$ est alors équivalent à : $(SA)X = SB$. S'il existe une matrice inversible T telle que AT soit triangulaire, $(\sum)$ est alors équivalent à :

$$(AT)Y = B \qquad \text{et} \qquad X = TY.$$

Les matrices élémentaires, que nous étudions maintenant, vont nous servir à construire de telles matrices S ou T.

1. Matrices élémentaires; notion de rang; propriétés des systèmes linéaires

Toute matrice $M \in \mathcal{M}_{m,n}$ s'écrit sous la forme :

$$\boxed{M = \sum_{i,j} M(i,j)\, E_{i,j}} \quad ,$$

où les matrices de base $E_{i,j}$ sont définies par :

$$E_{i,j}(k,l) = \delta_{ik}\, \delta_{jl} \qquad (1 \leq i,k \leq m, \quad 1 \leq j,l \leq n)$$

(La matrice $E_{i,j}$ a tous ses coefficients nuls, à l'exception de celui sur la ligne i et la colonne j qui vaut 1).

On vérifie facilement que deux matrices de base $E_{i,j} \in \mathcal{M}_{m,n}$ et $E_{k,l} \in \mathcal{M}_{n,p}$ obéissent à la règle de multiplication suivante :

$$\boxed{E_{i,j}\, E_{k,l} = \delta_{jk}\, E_{i,l} \quad (E_{i,l} \text{ si } j = k, \quad 0 \text{ si } j \neq k)}$$

Définition 1.1. : On appelle **matrice de transposition** toute matrice carrée $P_{i,j}$ définie par :

$$P_{i,j} = I + E_{i,j} + E_{j,i} - E_{i,i} - E_{j,j}$$

Proposition 1.1. :

(i) La matrice $P_{i,j}\, M$ (resp. $M\, P_{i,j}$) est obtenue à partir de M en échangeant les lignes (resp. les colonnes) d'indices i et j.

(ii) $(P_{i,j})^2 = I$; dét $P_{i,j} = -1$ si $i \neq j$.

Preuve : laissée en exercice. Le plus simple est de se ramener aux matrices de base $E_{i,j}$ et d'utiliser leur règle de multiplication.||

Définition 1.2. : On appelle **matrice de transvection** toute matrice carrée $B^{\lambda}_{i,j}$ de la forme $B^{\lambda}_{i,j} = I + \lambda\, E_{i,j} \quad (\lambda \in K, \ i \neq j)$

Proposition 1.2. :

(i) La matrice $B^{\lambda}_{i,j}\, M$ (resp. $M\, B^{\lambda}_{i,j}$) est obtenue à partir de M en ajoutant à la ligne i (resp. la colonne j) la ligne j (resp. la colonne i) multipliée par λ.

(ii) $B^{\lambda}_{i,j}\, B^{-\lambda}_{i,j} = I$; dét$B^{\lambda}_{i,j} = 1$

Preuve : de nouveau on conseille d'utiliser les matrices de base||.

Définition 1.3. : On appelle **matrice élémentaire** toute matrice de transposition ou de transvection. L'ensemble des matrices élémentaires est stable par passage à la matrice inverse. L'ensemble des produits finis de matrices élémentaires est donc un sous-groupe de GL_n ; une matrice de ce sous-groupe sera dite **Π-élémentaire**. Parmi les matrices Π-élémentaires, nous appelons **matrice de permutation** tout produit fini de matrices de transposition||.

Remarque 1.1. : pour utiliser les propriétés des matrices élémentaires, nous proposons deux repères mnémotechniques intéressants :

(a) La multiplication à gauche par une matrice élémentaire agit sur les lignes, alors que la multiplication à droite agit sur les colonnes.

(b) La multiplication par une matrice de transvection $B^{\lambda}_{i,j}$ ne modifie qu'un vecteur (ligne ou colonne) de M. Pour retenir lequel des deux indices (i ou j) correspond au vecteur modifié, on peut remarquer que c'est celui qui est le plus éloigné de M dans les écritures $B^{\lambda}_{i,j}\,M$, $M\,B^{\lambda}_{i,j}$ ||

Théorème 1.1. pour toute matrice $M \in \mathcal{M}_{m,n}$, il existe deux matrices Π-élémentaires $S \in GL_m$ et $T \in GL_n$ telles que SMT soit une matrice diagonale.

Preuve : Si $M = 0$, il suffit de prendre $S = I$, $T = I$. Supposons $M \neq 0$. Il existe alors i et j tels que $M(i,j) \neq 0$.

En posant $N = P_{1,i}\,M\,P_{1,j}$, on a clairement :

$$N(1,1) = M(i,j) \neq 0.$$

Posons maintenant :

$$\lambda_i = -\frac{N(i,1)}{N(1,1)} \quad (2 \leq i \leq m), \qquad \mu_j = -\frac{N(1,j)}{N(1,1)} \quad (2 \leq j \leq n).$$

La matrice $B^{\lambda m}_{m,1} \cdots B^{\lambda_2}_{2,1} \;\; N \;\; B^{\mu_2}_{1,2} \cdots B^{\mu_n}_{1,n}$ est alors de la forme $\mathrm{diag}\big(N(1,1), M_1\big)$ où $M_1 \in \mathcal{M}_{m-1,n-1}$.

Si $M_1 = 0$, il suffit de prendre $S = B^{\lambda_m}_{m,1} \cdots B^{\lambda_2}_{2,1}\,P_{1,i}$ et $T = P_{1,j}\,B^{\mu_2}_{1,2} \cdots B^{\mu_n}_{1,n}$. Si $M_1 \neq 0$ on peut faire avec M_1 ce qui vient d'être fait avec M et établir le résultat par récurrence sur $\min(m,n)$. ||.

Définition 1.4. : Etant donné $M \in \mathcal{M}_{m,n}$, nous désignons par $rc(M)$ (resp. $rl(M)$) le nombre maximum de colonnes (resp. de lignes) de M linéairement indépendantes. Nous désignons par $rd(M)$ l'ordre du plus grand mineur non nul de M.

Théorème 1.2. pour toute matrice $M \in \mathcal{M}_{m,n}$, $rc(M) = rl(M) = rd(M)$.

Preuve : la propriété est évidente si M est une matrice diagonale. On vérifie facilement que les trois nombres $rc(M)$, $rl(M)$ et $rd(M)$ restent inchangés si on remplace M par SM ou MT, lorsque S et T sont des matrices Π-élémentaires (commencer à le vérifier avec S et T élémentaires). On conclut donc à l'aide du théorème précédent.||

Définition 1.5. : la valeur commune des trois entiers $rc(M)$, $rl(M)$ et $rd(M)$ s'appelle le **rang** de la matrice M ; nous le noterons simplement $r(M)$.

Théorème 1.3. A et B étant la matrice et le second membre du système $(\sum)$, notons $A_B \in \mathcal{M}_{m,n+1}$ la matrice obtenue à partir de A en rajoutant le vecteur B comme $(n+1)^{\text{ième}}$ colonne.

(i) Une condition nécessaire et suffisante pour que le système $(\sum)$ ait au moins une solution est :

$$r(A) = r(A_B)$$

(ii) Si $r(A) = r(A_B) < n$ (nombre de colonnes de A), alors le système $(\sum)$ a une infinité de solutions.

(iii) Si $r(A) = r(A_B) = n$, alors $(\sum)$ a une seule solution.

Preuve : en utilisant le théorème 1.1., on peut transformer la condition $AX = B$ en une condition équivalente : $SATY = SB$ et $TY = X$, où S et T sont des matrices Π-élémentaires telles que SAT soit une matrice diagonale. Or, le théorème est trivial lorsque la matrice du système est diagonale.||

2. La méthode de Gauss

Dans ce paragraphe, on considère le système $(\sum)$ en supposant que A est une matrice carrée inversible $(m = n = r(A))$.
Le système $(\sum)$ a donc une seule solution. Nous nous proposons, ici, de décrire un algorithme de calcul de cette solution. Celui-ci consiste à définir une suite $(\sum^{(1)}), \dots (\sum^{(n-1)})$ de systèmes linéaires, tous équivalents à $(\sum)$, le dernier ayant une matrice triangulaire.*

---

* La méthode de Gauss est un processus d'élimination : $(\sum^{(1)}$ est le résultat de l'élimination de l'inconnue x_1 dans les $(n-1)$ dernières équations, $(\sum^{(2)})$ celui de l'élimination de x_2 dans les $(n-2)$ dernières équations, etc...

L'expression matricielle du système $\sum^{(k)}$ sera notée $A^{(k)}X = B^{(k)}$ avec

$$A^{(k)}(i,j) = a_{ij}^{(k)} \quad (1 \leq i,j \leq n) \quad \text{et} \quad {}^tB^{(k)} = \left(b_1^{(k)},\ldots,b_n^{(n)}\right).$$

Avant de décrire $\left(\sum^{(1)}\right)$ nous introduisons un type particulier de matrices Π-élémentaires qui nous seront utiles.

Pour tout $j \in \{1,\ldots,n-1\}$, on vérifie facilement que les matrices $B_{i,j}^{\lambda_i}(j+1 \leq i \leq n,\ \lambda_i \in K)$ commutent deux à deux; nous n'aurons, donc, pas de scrupules à écrire de manière compacte leur produit, aucune ambiguïté ne peut en découler.

Pour $\lambda_{j+1},\ldots,\lambda_n \in K$, nous notons $L_j(\lambda_{j+1},\ldots,\lambda_n)$ où, le plus souvent, simplement, L_j la matrice :

$$L_j(\lambda_{j+1},\ldots,\lambda_n) = \prod_{i=j+1}^{n} B_{i,j}^{\lambda_i}.$$

Multiplier à gauche par une telle matrice L_j revient à ajouter à chaque ligne d'indice $> j$, la ligne j multipliée par un scalaire. En appliquant cette remarque à la matrice unité on peut voir que L_j est de la forme

$$L_j = I + \sum_{i=j+1}^{n} \lambda_i E_{i,j}.$$

Indiquons maintenant la construction de $A^{(1)}$. A étant inversible, la première colonne de A contient nécessairement un coefficient $a_{i_1,1}$ non nul. Posons $M^{(1)} = P_{1,i_1}A$. Alors, $M^{(1)}(1,1) = a_{i_1,1} \neq 0$. Posons :

$$L_1 = \prod_{i=2}^{n} B_{i,1}^{\lambda_i} \quad \text{où} \quad \lambda_i = -\frac{M^{(1)}(i,1)}{M^{(1)}(1,1)} \quad (2 \leq i \leq n),$$

$$\text{et} \quad A^{(1)} = L_1 M^{(1)} = L_1 P_{1,i_1} A\ ;\ B^{(1)} = L_1 P_{1,i_1} B$$

Par construction, nous avons :

$$a_{i_1}^{(1)} = 0 \quad \text{pour} \quad 2 \leq i \leq n.$$

Supposons déjà construits les systèmes $\left(\sum^{(1)}\right),\ldots,\left(\sum^{(k-1)}\right)$, avec :

$$a_{ij}^{(l)} = 0 \quad \text{pour} \quad 1 \leq l \leq k-1, \quad 1 \leq j \leq l, \quad i > j.$$

Alors,

$$0 \neq \text{dét}\, A^{(k-1)} = a_{11}^{(k-1)} \cdots a_{k-1,k-1}^{(k-1)}\ \text{dét} \begin{pmatrix} a_{kk}^{(k-1)} & \cdots & a_{kn}^{(k-1)} \\ \cdots & \cdots & \cdots \\ a_{nk}^{(k-1)} & \cdots & a_{nn}^{(k-1)} \end{pmatrix}$$

Il existe $i_k \in \{k, \ldots, n\}$ tel que $a_{i_k,k}^{(k-1)} \neq 0$. On définit alors

$$M^{(k)} = P_{k,i_k} A^{(k-1)} \qquad \text{et} \qquad A^{(k)} = L_k M^{(k)}$$

où $L_k = L_k(\mu_{k+1}, \ldots, \mu_n)$ est définie par les scalaires :

$$\mu_i = -\frac{M^{(k)}(i,k)}{M^{(k)}(k,k)} \qquad (k+1 \leq i \leq n)$$

Par construction, on a alors :

$$a_{ij}^{(k)} = 0 \qquad \text{pour} \qquad 1 \leq j \leq k, \quad i > j$$

Ainsi, le système $(\sum^{(n-1)})$ sera triangulaire.

La suite de transformations que nous venons de décrire est connue sous le nom d'**algorithme de Gauss** ou **méthode de Gauss**. En fait, il y a dans ce qui précède une imprécision concernant le choix à faire de l'indice i_k qui sert à déterminer la transposition P_{k,i_k}. Le scalaire $M^{(k)}(k,k) = a_{i_k,k}^{(k-1)}$ par lequel on divise s'appelle le **pivot** de la k^{ième} étape. Choisir i_k revient à choisir la valeur du pivot.

La méthode de Gauss a plusieurs variantes, chacune correspondant à une stratégie particulière pour le choix du pivot. La plus naturelle est la **méthode de Gauss avec pivot partiel** qui consiste à choisir l'indice i_k en sorte que

$$\left|a_{i_k,k}^{(k-1)}\right| = \sup_{k \leq i \leq n} \left|a_{ik}^{(k-1)}\right|,$$

pour ne pas diviser par un nombre trop petit.

Nous précisons maintenant les formules de transformation des coefficients du système $(\sum)$ au cours du développement de la méthode de Gauss en faisant abstraction de la recherche du pivot (i.e. en faisant $i_k = k$). Nous indiquons seulement le calcul des coefficients significatifs, c'est-à-dire que nous ne faisons intervenir dans nos formules ni les coefficients inchangés ni les coefficients annulés au cours des transformations successives. Ainsi :

$$a_{ij}^{(0)} = a_{ij}, \quad b_i^{(0)} = b_i \quad (1 \leq i,j \leq n)$$

Pour k allant de 1 à (n-1)

$$\left.\begin{array}{l} r_{ik} = a_{ik}^{(k-1)} / a_{kk}^{(k-1)} \\ a_{ij}^{(k)} = a_{ij}^{(k-1)} - r_{ik}\, a_{kj}^{(k-1)} \\ b_i^{(k)} = b_i^{(k-1)} - r_{ik}\, b_k^{(k-1)} \end{array}\right\} \quad (k+1 \leq i,j \leq n)$$

Nous pouvons évaluer le **nombre d'opérations exigées par la méthode de Gauss.** A k fixé $\in \{1, 2, \ldots, n-1\}$ il faut $(n-k)$ divisions pour le calcul des r_{ik}, $(n-k)$ additions et $(n-j)$ multiplications pour le calcul des $b_i^{(k)}$ et $(n-k)^2$ multiplications et $(n-k)^2$ additions pour le calcul des $a_{ij}^{(k)}$.

Au total, il faut donc :

$$3\left(\sum_{k=1}^{n-1} k\right)+2\left(\sum_{k=1}^{n-1} k^2\right) = 3\,\frac{n(n-1)}{2}+2\,\frac{n(n-1)(2n-1)}{6} = \frac{4n^3+3n^2-7n}{6},$$

opérations pour ramener $(\sum)$ à un système triangulaire $\left(\sum^{(n-1)}\right)$. Il faut encore résoudre le système triangulaire, ce qui exige n^2 opérations.

Avec la méthode de Gauss on est donc assuré d'obtenir la solution du système après $\dfrac{4n^3+9n^2-7n}{6}$ opérations.

L'obtention de la solution par application des formules de Cramer exigerait $(n+1)[n!n-1]$ opérations.

L'idée de l'algorithme de Gauss peut s'exprimer sous la forme d'une propriété de factorisation triangulaire de la matrice A. Par rapport à ce qui vient d'être fait, il faut voir qu'il est possible de regrouper toutes les transpositions $P_{k,ik}$ en une seule permutation P. C'est ce que nous faisons maintenant.

Théorème 2.1. pour toute matrice $A \in GL_n$, il existe une matrice de permutation P, une matrice triangulaire inférieure L et une matrice triangulaire supérieure U telles que

$$A = PLU. \qquad (L \text{ comme lower}, U \text{ comme upper}).$$

Preuve : la description de la méthode de Gauss a mis en évidence qu'il est possible de construire une matrice Π-élémentaire

$$S = L_{n-1}\, P_{n-1,i_{n-1}} \cdots L_2\, P_{2,i_2}\, L_1\, P_{1,i_1}$$

telle que, pour tout $k \in \{1, \ldots, n-1\}$ on ait $i_k \geq k$, $L_k = I + \displaystyle\sum_{i=k+1}^{n} \lambda_i\, E_{i,k}$ (pour des scalaires λ_i convenables), pour laquelle SA est une matrice triangulaire supérieure.

Remarquons que, lorsque $i_k \geq k \geq j+1$, la matrice $P_{k,i_k} \left(\sum_{i=j+1}^{n} \lambda_i E_{i,j} \right) P_{k,i_k}$ reste une combinaison linéaire de $E_{j+1,j}, \ldots, E_{n,j}$ (seuls deux des coefficients $\lambda_{j+1}, \ldots, \lambda_n$ ont été échangés). Il suit que $\widetilde{L}_j = P_{k,i_k} L_j P_{k,i_k}$ est aussi une matrice de la forme $\widetilde{L}_j = I + \sum_{i=j+1}^{n} \widetilde{\lambda}_i E_{i,j}$.

Ceci peut encore s'écrire $P_{k,i_k} L_j = \widetilde{L}_j P_{k,i_k}$.

Nous avons donc $S = \widetilde{L}_{n-1} \cdots \widetilde{L}_2 \widetilde{L}_1 P_{n-1,i_{n-1}} \cdots P_{2,i_2} P_{1,i_1}$.

En remarquant, maintenant, que les matrices triangulaires inférieures forment un groupe, il est clair que $\widetilde{L} = \widetilde{L}_{n-1} \cdots \widetilde{L}_2 \widetilde{L}_1$ est triangulaire inférieure ainsi que son inverse L.

Les matrices de permutations forment également un groupe. Il suffit de prendre pour P l'inverse de $P_{n-1,i_{n-1}} \cdots P_{1,i_1}$ et nous obtenons la décomposition annoncée.||

3. Méthode de Cholesky

Dans le cas des matrices A symétriques et définies positives, il est possible de calculer la solution de $(\sum)$ avec un nombre d'opérations à peu près égal à la moitié du nombre d'opérations utilisées dans la méthode Gauss.

Définition 3.1. : Une matrice $A \in \mathcal{M}_n(\mathbb{R})$ est dite **définie positive** si $^tA = A$ et $^tVAV > 0$ pour tout $V \in \mathbb{R}^n$, $V \neq 0$ ||.

Exercice 3.1. : Soit $T \in GL_n$. Montrer que A est définie positive si et seulement si ^tTAT est définie positive.||

Dans toute la suite du paragraphe on suppose A définie positive. Nous appelons **mineur principal d'ordre *j*** et nous notons $\Delta_j(A)$ le mineur de A correspondant aux j premières lignes et j premières colonnes. Lorsque $^tV = (1,0,\ldots,0)$, $^tVAV = A(1,1)$, donc $A(1,1) > 0$. Pour $i = 2,\ldots,n$, posons : $\lambda_i = -A(i,1)/A(1,1)$ et considérons la matrice $L_1 = \prod_{i=2}^{n} B_{i,1}^{\lambda_i} = I + \sum_{i=2}^{n} \lambda_i E_{i,1}$.

Un calcul direct montre facilement que $L_1 A\, {}^tL_1$ est de la forme $\mathrm{diag}(\Delta_1(A), A_1)$ où A_1 est définie positive.

Grâce aux propriétés classiques des déterminants, on peut voir aisément que, lorsque $i > j$, les matrices $B_{i,j}^{\lambda_i} A$ et $A\, B_{j,i}^{\lambda_i}$ ont les mêmes mineurs principaux que A. D'où $L_1\, A\, {}^tL_1$ a les mêmes mineurs principaux que A.

$$\Delta_2(A) = \Delta_2(L_1\, A\, {}^tL_1) = \Delta_1(A)\, A_1(1,1).$$

Puisque A_1 est définie positive, $A_1(1,1) > 0$ et donc $\Delta_2(A) > 0$. Il est possible de faire avec A_1 ce qui vient d'être fait avec A et de mettre ainsi en évidence l'existence d'une matrice $L_2 = I + \sum_{i=3}^{n} \mu_i\, E_{i,2}$ telle que $L_2\, L_1\, A\, {}^tL_1\, {}^tL_2$ soit de la forme $\operatorname{diag}\big(\Delta_1(A),\, \Delta_2(A)/\Delta_1(A),\, A_2\big)$ où A_2 est définie positive.

On peut continuer ce procédé et établir ainsi l'existence, pour tout $j = 1, \ldots, n-1$, d'une matrice $L_j = I + \sum_{i=j+1}^{n} \lambda_i^j\, E_{i,j}$, telle que $L_{n-1} \ldots L_2\, L_1\, A\, {}^tL_1\, {}^tL_2 \ldots {}^tL_{n-1}$ soit de la forme :

$$\operatorname{diag}\big(\Delta_1(A),\, \Delta_2(A)/\Delta_1(A), \ldots, \Delta_n(A)/\Delta_{n-1}(A)\big)$$

On vérifie à chaque étape que $\Delta_i(A) > 0$ $(1 \leq i \leq n)$. On peut alors poser $\Delta_0(A) = 1$, $d_i = \big(\Delta_i(A)/\Delta_{i-1}(A)\big)^{1/2}$ $(1 \leq i \leq n)$ et $D = \operatorname{diag}(d_1, d_2, \ldots, d_n)$. Il vient alors

$$A = L_1^{-1}\, L_2^{-1} \ldots L_{n-1}^{-1} D\, D\, {}^tL_{n-1}^{-1} \cdots {}^tL_2^{-1}\, {}^tL_1^{-1}$$

Nous avons ainsi prouvé l'existence de la factorisation annoncée dans le théorème qui suit. L'unicité découlera de la fin du paragraphe.

Théorème 3.1. Si A est définie positive il existe une matrice triangulaire inférieure et une seule L dont les éléments diagonaux sont > 0 et telle que $A = L\, {}^tL$. ||

Cette factorisation est d'un grand intérêt pratique puisqu'elle permet de remplacer la condition $AX = B$ par les deux conditions $LY = B$, ${}^tLX = Y$ qui sont des systèmes à matrices triangulaires.

Pour calculer les coefficients $L(i,j) = l_{ij}$, il ne faut pas s'inspirer de la démonstration du théorème mais utiliser les formules suivantes qui permettent de calculer les coefficients de la ligne r de L en fonction des coefficients des lignes précédentes. Ces formules découlent d'une évaluation directe du produit matriciel $L\, {}^tL$:

$$\left(\sum_{j=1}^{i-1} l_{rj}\, l_{ij}\right) + l_{ri}\, l_{ii} = a_{ri} \quad (1 \leq i \leq r-1)$$

$$\left(\sum_{j=1}^{r-1} l_{rj}^2\right) + l_{rr}^2 = a_{rr}$$

On vérifiera sans peine que le calcul de la solution de $(\sum)$ par cette méthode, dite méthode de Cholesky, lorsque A est définie positive, nécessite $\dfrac{n(n-1)(2n-1)}{6} + 3n^2$ opérations d'addition ou de multiplications auxquelles il faut ajouter n extractions de racines carrées.

4. Méthode de Householder

Ici nous supposons $K = \mathbb{C}$. Pour tout vecteur $V \in \mathbb{C}^n = \mathcal{M}_{n,1}(\mathbb{C})$ tel que $V^*V = 1$ (i.e. V unitaire) nous posons

$$H(V) = I_n - 2VV^*$$

$H(V)$ est une matrice $\in \mathcal{M}_n(\mathbb{C})$ dont on vérifie sans peine qu'elle est hermitienne et unitaire. Une matrice de la forme $H(V)$ (V vecteur unitaire) s'appelle **matrice de Householder.**

Lemme 4.1. : Si deux vecteurs U_1, $U_2 \in \mathbb{C}^n$ ont même longueur, c'est-à-dire : $U_1^* U_1 = U_2^* U_2$ et ne sont pas colinéaires, c'est-à-dire : $U_1 - \lambda U_2 \neq 0$ quel que soit $\lambda \in \mathbb{C}$, alors il existe un vecteur unitaire $V \in \mathbb{C}^n$ et un nombre complexe θ de module 1 tels que :

$$H(V)U_1 = \theta U_2.$$

Preuve : Cherchons V sous la forme :

$$V = \frac{U_1 - \theta U_2}{\{(U_1 - \theta U_2)^*(U_1 - \theta U_2)\}^{1/2}}$$

$$H(V)U_1 = U_1 - 2\,\frac{(U_1 - \theta U_2)(U_1 - \theta U_2)^*}{(U_1 - \theta U_2)^*(U_1 - \theta U_2)}\,U_1$$

$$H(V)U_1 = U_1 - (U_1 - \theta U_2)\frac{U_1^*U_1 - \overline{\theta} U_2^* U_1}{U_1^*U_1 - \mathcal{R}_e(\theta U_1^* U_2)}$$

Choisissons θ en sorte que $\theta U_1^* U_2$ soit réel; alors

$$H(V)U_1 = U_1 - (U_1 - \theta U_2) = \theta U_2 \;\|$$

Exercice 4.1. : Supposons $k < n$ et considérons un vecteur unitaire $W \in \mathbb{C}^k$ et le vecteur $V \in \mathbb{C}^n$ défini par

$${}^tV = (0, \dots, 0, {}^tW).$$

Montrer que V est un vecteur unitaire de $\mathbb{C}^n$ et que $H(V) = \mathrm{diag}\big(I_{n-k}, H(W)\big)$ ||.

Théorème 4.1. pour toute matrice $A \in \mathcal{M}_n(\mathbb{C})$ il existe une matrice unitaire Q, produit d'au plus $(n-1)$ matrices de Householder, et une matrice triangulaire supérieure R telles que

$$A = QR$$

Preuve : Notons E_1 le premier vecteur de la base canonique de $\mathbb{C}^n$ (i.e. ${}^tE_1 = (1, 0, \dots, 0)$) et C_1 la premier colonne de A. Supposons C_1 non colinéaire à E_1. Il existe $\lambda > 0$ tel que C_1 et λE_1 aient la même longueur. D'après le lemme, il existe un vecteur unitaire $V_1 \in \mathbb{C}^n$ et un nombre complexe θ_1 de module 1 tels que $H(V_1)C_1 = \theta_1 \lambda E_1$.

La matrice $H(V_1)A$ n'a que des zéros sur sa première colonne sous la diagonale principale. Si C_1 est colinéaire à E_1, la première colonne de A est déjà celle d'une matrice triangulaire.

Supposons qu'il existe une matrice H produit d'au plus $(i-1)$ matrices de Householder telle que HA n'ait que des zéros dans ses $(i-1)$ premières colonnes sous la diagonale principale. Notons $A_i \in \mathcal{M}_{n-i+1}$ la sous-matrice de HA formée des termes dont les deux incides sont $\geq i$. Soit C_i la première colonne de A_i et e_1 le premier vecteur de la base canonique de $\mathbb{C}^{n-i+1}$. Si C_i est colinéaire à e_1 nous ne faisons rien. Dans le cas contraire, d'après le lemme, il existe $W_i \in \mathbb{C}^{n-i+1}$ et $\lambda_i \in \mathbb{C}$ tels que $H(W_i)C_i = \lambda_i e_1$. Soit $V_i \in \mathbb{C}^n$ défini par

$${}^tV_i = (0, \dots, 0, {}^tW_i).$$

$H(V_i) = \mathrm{diag}\big(I_{i-1}, H(W_i)\big)$ et $H(V_i)HA$ a des zéros sur ses i premières colonnes sous la diagonale principale. Ce procédé peut être poursuivi jusqu'à ce que $i = n-1$, auquel cas le théorème est démontré.||

Les matrices de Householder permettent donc de développer un algorithme, concurrent de celui de Gauss, pour ramener un système linéaire à un système triangulaire équivalent.

Nous allons maintenant utiliser ces matrices pour démontrer deux théorèmes intéressants d'algèbre linéaire:

Proposition 4.1. : pour toute matrice $A \in \mathcal{M}_n(\mathbb{C})$ il existe une matrice unitaire Ω telle que $\Omega^* A\,\Omega$ soit triangulaire supérieure.

Preuve : A possède au moins une valeur propre λ. Soit $V \neq 0$ un vecteur propre unitaire associé à λ. Notons E_1 le premier vecteur de la base canonique de $\mathbb{C}^n$. D'après le lemme 4.1 il existe une matrice de Householder H_1 et un nombre complexe θ_1 de module 1 tels que

$$H_1 V = \theta_1 E_1.$$

Puisque H_1 est hermitienne et unitaire, $H_1 E_1 = \overline{\theta}_1 V$. On a donc,

$$H_1 A H_1 E_1 = \overline{\theta}_1 H_1 A V = \lambda \overline{\theta}_1 H_1 V = \lambda \overline{\theta}_1 \theta_1 E_1 = \lambda E_1.$$

$H_1 A H_1$ est de la forme

$$\begin{pmatrix} \lambda & a_{12} & \cdots & a_{1n} \\ 0 & & & \\ \vdots & & A_1 & \\ 0 & & & \end{pmatrix}$$

Nous pouvons refaire avec A_1 ce qui a été fait avec A et continuer. Le lecteur commence à avoir l'habitude et peut écrire en détail le processus. Il existe des matrices de Householder $H_1, H_2, \ldots, H_n$ telles que

$$H_n \cdots H_2 H_1 A H_1 H_2 \cdots H_n$$

soit une matrice triangulaire supérieure. H_i sera de la forme $\mathrm{diag}(I_{i-1}, \widetilde{H}_i)$ où $\widetilde{H}_i$ est une matrice de Householder de dimension inférieure. Il suffit de poser $\Omega = H_1 H_2 \cdots H_n$ ||.

Théorème 4.2. : pour toute matrice **normale** $A \in \mathcal{M}_n\mathbb{C}$ il existe une matrice unitaire Ω telle que $\Omega^* A\,\Omega$ soit une matrice diagonale.

Preuve : d'après la proposition précédente, il existe une matrice unitaire Ω telle que $\Omega^* A \Omega = T$ soit triangulaire supérieure. A étant normale, T est aussi normale :

$$\begin{aligned} T^* T &= \Omega^* A^* \Omega \Omega^* A \Omega = \Omega^* A^* A \Omega \\ &= \Omega^* A A^* \Omega = \Omega^* A \Omega \Omega^* A^* \Omega = T T^*. \end{aligned}$$

T étant normale et triangulaire est forcément diagonale.

En effet, de $(T^* T)(1,1) = (T T^*)(1,1)$, on déduit

$$\sum_{i=1}^{n} T^*(1,i)\, T(i,1) = \sum_{i=1}^{n} T(1,i)\, T^*(i,1),$$

puis

$$\sum_{i=1}^{n} |T(i,1)|^2 = \sum_{i=1}^{n} |T(1,i)|^2 = |T(1,1)|^2,$$

la dernière égalité venant du fait que T est triangulaire supérieure et donc $T(i,1) = 0$ pour $i \geq 2$. On a donc aussi $T(1,i) = 0$ pour $i \geq 2$. En écrivant la même chose successivement avec $(2,2),(3,3),\ldots,(n,n)$ on montre que

$$T(j,i) = 0 \quad \text{si} \quad i \geq j+1 \qquad \|$$

Nous montrons maintenant, pour les matrices, une propriété qui est analogue à l'écriture d'un nombre complexe z sous la forme $z = \rho e^{i\theta}$, $\rho \geq 0$.

Proposition 4.2. : Soit $A \in \mathcal{M}_{m,n}(\mathbb{C})$ et e_1 (resp. E_1) le premier vecteur de la base canonique de $\mathbb{C}^m$ (resp. $\mathbb{C}^n$). Alors, il existe des matrices de Householder $H_1 \in \mathcal{M}_m$ et $H_2 \in \mathcal{M}_n$, des nombres complexes de module 1, τ et σ, et un réel $\lambda \geq 0$ tels que :

$$\begin{aligned} A\,H_2\,E_1 &= \lambda\,\overline{\sigma}\,\tau\,H_1\,e_1, \\ A^*\,H_1\,e_1 &= \lambda\,\overline{\tau}\,\sigma\,H_2\,E_1. \end{aligned}$$

Preuve : Soit α une valeur propre de $AA^* \in \mathcal{M}_m$ et soit V un vecteur propre unitaire associé. On a :

$$A\,A^*\,V = \alpha V \quad , \quad V^*A\,A^*\,V = \alpha V^*\,V,$$

$(A^*\,V)^*(A^*\,V) = \alpha V^*\,V$, et donc α est un réel ≥ 0.

D'après le lemme 4.1., il existe deux matrices de Householder $H_1 \in \mathcal{M}_m$, $H_2 \in \mathcal{M}_n$ et deux nombres complexes de module 1 : τ et σ tels que

$$H_1\,V = \overline{\sigma}\,e_1 \quad , \quad H_2\,A^*\,V = \overline{\tau}\,\alpha^{1/2}\,E_1$$

Puisque les matrices de Householder sont hermitiennes et unitaires,

$$V = \overline{\sigma}\,H_1\,e_1 \quad \text{et} \quad A^*\,V = \overline{\tau}\,\alpha^{1/2}\,H_2\,E_1.$$

En prenant l'image de la première égalité par A^* et l'image de la seconde par A, il vient :

$$\begin{aligned} A^*\,V &= \overline{\sigma}\,A^*\,H_1\,e_1 = \overline{\tau}\,\alpha^{1/2}\,H_2\,E_1, \\ \alpha V &= \alpha\overline{\sigma}\,H_1\,e_1 = \overline{\tau}\,\alpha^{1/2}\,A\,H_2\,E_1. \end{aligned}$$

Il suffit de prendre $\lambda = \alpha^{1/2}$ pour avoir la propriété.$\|$

Théorème 4.3. pour toute matrice $A \in \mathcal{M}_n(\mathbb{C})$ il existe deux matrices unitaires U et V telles que $U^*A\,V$ soit une matrice diagonale à coefficients ≥ 0.

Preuve : nous appliquons la proposition précédente à la matrice $A \in \mathcal{M}_n(\mathbb{C})$. Nous conservons les notations de la proposition, avec, bien sûr, $m = n$ et $e_1 = E_1$. Nous avons, d'après la première égalité :

$$(\sigma H_1) A (\overline{\tau} H_2) E_1 = \lambda E_1.$$

$(\sigma H_1) A (\overline{\tau} H_2)$ a donc ses coefficients nuls sur sa première colonne hors de la diagonale principale. De la deuxième égalité de la proposition, il vient :

$$(\tau H_2) A^* (\overline{\sigma} H_1) E = \lambda E_1,$$

ou encore :

$$\left((\sigma H_1) A (\overline{\tau} H_2)\right)^* E_1 = \lambda E_1 ;$$

et ceci prouve que $(\sigma H_1) A (\overline{\tau} H_2)$ a ses coefficients nuls sur sa première ligne hors de la diagonale principale. On a donc :

$$(\sigma H_1) A (\overline{\tau} H_2) = \mathrm{diag}(\lambda, A_1)$$

σH_1 et $\overline{\tau} H_2$ sont des matrices unitaires. En itérant sur A_1, on démontre le théorème.||

Théorème 4.4. Toute matrice $A \in \mathcal{M}_n(\mathbb{C})$ peut s'écrire sous la forme $A = H \Omega$ où Ω est une matrice unitaire et H une matrice hermitienne semi-définie positive (i.e., vérifiant $V^* H V \geq 0$ quel que soit $V \in \mathbb{C}^n$).

Preuve : avec la conclusion et les notations du théorème précédent, on peut écrire : $U^* A V = D$, avec U, V unitaires et D diagonale à coefficients ≥ 0. Alors,

$$A = U D V^* = U D U^* U V^*$$

Il suffit de poser $H = U D U^*$ et $\Omega = U V^*$ ||.

CHAPITRE XI

Notion de norme - Etude de l'erreur

1. La notion de norme

La norme d'un vecteur est un nombre ≥ 0 qui lui est associé et qui mesure sa grandeur. Cette notion va nous être utile pour appréeier la variation de la solution d'un système linéaire lorsqu'on modifie légèrement ses données, mais son importance dépasse largement ce problème : elle est fondamentale pour l'étude de toute notion topologique dans les espaces vectoriels (limite, voisinage, etc.). Il y a plusieurs façons d'introduire une norme sur un espace vectoriel, mais toutes obéissent à un petit nombre de propriétés essentielles que fournissent les axiomes dans la définition ci-dessous.

Définition 1.1. : Une **norme** sur un espace vectoriel E sur K est une application $\varphi : E \longrightarrow \mathbb{R}_+$ qui satisfait aux trois axiomes suivants :

(i) $\varphi(x) = 0$ si et seulement si $x = 0$
(ii) $\varphi(\lambda x) = |\lambda|\varphi(x)$ quels que soient $x \in E$ et $\lambda \in K$.
(iii) $\varphi(x + y) \leq \varphi(x) + \varphi(y)$ pour tous $x, y \in E$. ||

Dans l'axiome (ii), $|\lambda|$ est la valeur absolue ou le module du scalaire $\lambda \in K$; ceci n'a de sens que si $K = \mathbb{R}$ ou $\mathbb{C}$. Dans tout le chapitre nous faisons cette hypothèse sur K.

L'exemple le plus classique est certainement la norme euclidienne sur l'espace vectoriel K^n :

$$\varphi_2(V) = \sqrt{|v_1|^2 + |v_2|^2 + \cdots + |v_n|^2} \quad (\text{où} \quad {}^tV = (v_1, v_2, \ldots, v_n))$$

La norme euclidienne découle du produit scalaire ou produit hermitien usuel :

$$\varphi_2(V) = (V^* V)^{1/2}$$

Elle est le cas particulier, pour $p = 2$, d'une norme définie pour chaque réel $p \in [1, +\infty[$:

$$\varphi_p(V) = \left(\sum_{i=1}^{n} |v_i|^p\right)^{1/p}$$

Citons enfin une norme qui est, en un certain sens, une limite de φ_p lorsque p tend vers $+\infty$ et qui, pour sa simplicité, est la norme la plus souvent utilisée :

$$\varphi_\infty(V) = \max_{1\leq i\leq n} |v_i|$$

Exercice 1.1. : Vérifier que dans les trois cas $p = 1, p = 2, p = +\infty$, φ_p satisfait aux axiomes (i), (ii) et (iii) (pour les autres valeurs de p il est plus difficile de vérifier l'axiome (iii); il faut pour cela une étude préalable des fonctions convexes).||

Lorsque φ est une norme sur E, $(x_n)_n$ une suite d'éléments de E et $x \in E$, on donne un sens à l'expression

" x_n tend vers x quand n tend vers ∞ ".

en la posant équivalente à :

$$\lim_{n\to\infty} \varphi(x_n - x) = 0$$

La notion de limite dans E dépend donc du choix d'une norme φ, mais il se peut que des normes différentes engendrent la même notion de limite.

Définition 1.2. : deux normes φ et ψ sur E sont dites **équivalentes** s'il existe des constantes réelles $\alpha > 0$ et $\beta > 0$ telles que :

$$\alpha\varphi(x) \leq \psi(x) \leq \beta\varphi(x) \quad \text{quel que soit} \quad x \in E \;||$$

Pour deux normes équivalentes φ et ψ sur E, il est clair que

$$\lim_{n\to\infty} \varphi(x_n - x) = 0 \Longleftrightarrow \lim_{n\to\infty} \psi(x_n - x) = 0,$$

et qu'ainsi les notions de limite associées sont les mêmes.

Dans K^n, le choix d'une norme ne détermine pas la topologie comme l'indique le théorème suivant que nous rappelons sans démonstration :

Théorème : sur un espace vectoriel de **dimension finie** toutes les normes sont équivalentes.||

2. Normes matricielles

Dans les calculs d'erreur la mesure doit quelquefois porter sur les matrices. Une matrice $A \in \mathcal{M}_n(K)$ est définie par n^2 paramètres et peut être considérée comme un élément de K^{n^2}, on peut alors utiliser les normes φ_p $(1 \leq p \leq \infty)$ introduites au paragraphe précédent :

$$\varphi_p(A) = \left(\sum_{i \leq i,j \leq n} |A(i,j)|^p \right)^{1/p} \quad ; \quad \varphi_\infty(A) = \max_{1 \leq i,j \leq n} |A(i,j)|$$

Mais, s'agissant des matrices, on aimerait utiliser des normes qui réagissent bien au produit matriciel. Concrètement, on aimerait que la norme d'un produit puisse être majorée par le produit des normes.

Définition 2.1. : Soit S une norme sur l'algèbre $\mathcal{M}_n(K)$. On dit que S est une **norme matricielle** si

$$S(AB) \leq S(A)\, S(B) \quad \text{quelles que soient } A, B \in \mathcal{M}_n(K).$$

Si, de plus, φ est une norme sur K^n, on dit que S est **consistante** avec φ si

$$\varphi(AV) \leq S(A)\, \varphi(V) \quad \text{quels que soient } A \in \mathcal{M}_n(K) \text{ et } V \in K^n.$$

Exercice 2.1. : Montrer que φ_2 est une norme matricielle sur $\mathcal{M}_n(K)$ consistante avec la norme φ_2 sur K^n. ||

Etant donné une norme φ sur K^n il y a une méthode canonique de construction d'une norme matricielle sur $\mathcal{M}_n(K)$ consistante avec φ. C'est ce que nous exposons maintenant.

Définition 2.2. : Soit φ une norme sur K^n. On appelle **norme subordonnée** à φ et on note S_φ l'application :

$$S_\varphi \; : \; \mathcal{M}_n(K) \longrightarrow \mathbb{R}_+ \, ,$$

définie par :

$$S_\varphi(A) = \sup \left\{ \frac{\varphi(AV)}{\varphi(V)} \; ; \quad V \in K^n, \, V \neq 0 \right\}$$

Proposition 2.1. : S_φ est une norme matricielle consistante avec la norme φ qui peut aussi s'écrire sous la forme :

$$S_\varphi(A) = \sup\{\varphi(AV) \; ; \quad V \in B_\varphi\},$$

où $B_\varphi = \{V \in K^n \; ; \; \varphi(V) \leq 1\}$ est la boule unité.

Preuve : laissée en exercice ||.

Exercice 2.2. : la norme φ_2 sur $\mathcal{M}_n(K)$ est-elle subordonnée à la norme φ_2 sur K^n ?

Proposition 2.2. :

$$S_{\varphi_\infty}(A) = \max\left\{\sum_{j=1}^{n} |A(i,j)|\ ; \quad 1 \leq i \leq n\right\}$$

$$S_{\varphi_1}(A) = \max\left\{\sum_{i=1}^{n} |A(i,j)|\ ; \quad 1 \leq j \leq n\right\}$$

Preuve : pour tout $V \in K^n$, nous avons :

$$\varphi_\infty(AV) = \max_{1\leq i\leq n} |(AV)_i| = \max_{1\leq i\leq n} \Big|\sum_{j=1}^{n} A(i,j)v_j\Big|$$

$$\leq \max_{1\leq i\leq n} \sum_{j=1}^{n} |A(i,j)|\,|v_j| \leq \max_{1\leq i\leq n} \sum_{j=1}^{n} |A(i,j)|\varphi_\infty(V)$$

Donc $\varphi_\infty(AV) \leq \left\{\max_{1\leq i\leq n} \sum_{j=1}^{n} |A(i,j)|\right\} \varphi_\infty(V)$.

Ceci prouve que $S_{\varphi_\infty}(A) \leq \max_{1\leq i\leq n} \sum_{j=1}^{n} |A(i,j)|$. Ensuite, il existe un indice i_0 tel que :

$$\sum_{j=1}^{n} |A(i_0,j)| = \max_{1\leq i\leq n} \sum_{j=1}^{n} |A(i,j)| \qquad (i_0 \in \{1,\ldots,n\}).$$

Considérons le vecteur $V \in K^n$ dont les coordonnées sont définies par : $v_j = \dfrac{|A(i_0,j)|}{A(i_0,j)}$ si $A(i_0,j) \neq 0$ et $v_j = 0$ si $A(i_0,j) = 0$. Alors,

$$\varphi_\infty(AV) = \max_{1\leq i\leq n} \left|\sum_{j=1}^{n} A(i,j)v_j\right| \geq \left|\sum_{j=1}^{n} A(i_0,j)v_j\right|$$

$$= \sum_{j=1}^{n} |A(i_0,j)| = \varphi_\infty(V)\left(\max_{1\leq i\leq n} \sum_{j=1}^{n} |A(i,j)|\right).$$

D'où $S_{\varphi_\infty}(A) \geq \max_{1\leq i\leq n} \sum_{j=1}^{n} |A(i,j)|$ et donc l'égalité.

On laisse en exercice la démonstration pour S_{φ_1} qui est analogue $\|$.

Dans la suite, nous allons simplifier les notations et écrire $\| \cdot \|$ à la fois pour une norme sur K^n et pour la norme subordonnée correspondante sur $\mathcal{M}_n(K)$, le contexte permettant d'éviter toute confusion.

Nous allons maintenant voir que si une matrice est suffisamment proche d'une matrice inversible, elle est elle-même inversible. Autrement dit : $GL_n(K)$ est un ouvert de $\mathcal{M}_n(K)$.

Théorème 2.1. Si $A \in GL_n(K)$ et $\| M - A \| < \dfrac{1}{\| A^{-1} \|}$, alors $M \in GL_n(K)$.

Preuve : raisonnons par l'absurde, supposons $M \notin GL_n(K)$. Il existe alors $V \in K^n$, $V \neq 0$, tel que $MV = 0$.

$\| V \| = \| A^{-1}AV \| \leq \| A^{-1} \| \| (A-M)V \| \leq \| A^{-1} \| \| A-M \| \| V \| \leq \| V \|$.

Ce qui est contradictoire.$\|$

Souvent, le théorème précédent est utilisé avec $A = I$. Il énonce alors que, dans $\mathcal{M}_n(K)$, la boule ouverte de centre I et de rayon 1 est contenue dans $GL_n(K)$.

Définition 2.3. : Une matrice $A \in \mathcal{M}_n(K)$ est dite à **diagonale strictement dominante** si

$$|A(i,i)| > \sum_{\substack{j=1 \\ j \neq i}}^{n} |A(i,j)| \qquad \text{pour tout } i = 1, \ldots, n$$

Proposition 2.3. : toute matrice à diagonale strictement dominante est inversible.

Preuve : quitte à multiplier à gauche par la matrice :

$$\operatorname{diag}\left(\frac{1}{A(1,1)}, \frac{1}{A(2,2)}, \ldots, \frac{1}{A(n,n)}\right),$$

on peut supposer $A(1,1) = A(2,2) = \cdots = A(n,n) = 1$. A se trouve alors dans la boule ouverte de centre I et de rayon 1 en choisissant la norme S_{φ_∞}. $\|$

3. Etude de l'erreur

Commençons par indiquer l'exemple, souvent cité, qui permet de se sensibiliser au problème de l'erreur dans les systèmes linéaires. Considérons le système :

$$\begin{pmatrix} 10 & 7 & 8 & 7 \\ 7 & 5 & 6 & 5 \\ 8 & 6 & 10 & 9 \\ 7 & 5 & 9 & 10 \end{pmatrix} \begin{pmatrix} x_1 \\ x_2 \\ x_3 \\ x_4 \end{pmatrix} = \begin{pmatrix} 32 \\ 23 \\ 33 \\ 31 \end{pmatrix}$$

La matrice A de ce système est symétrique, définie positive et de déterminant 1. La solution est $x_1 = x_2 = x_3 = x_4 = 1$. Si nous modifions le second membre en le remplaçant par :

$$^t(32,1 \quad 22,9 \quad 33,1 \quad 30,9),$$

la solution est $x_1 = 9,2$, $x_2 = -12,6$, $x_3 = 4,5$, $x_4 = -1,1$.

Une petite variation du second membre a entraîné une grande variation de la solution.

Maintenant, revenons au second membre initial et remplaçons la matrice A par la matrice

$$\widetilde{A} = \begin{pmatrix} 10 & 7 & 8,1 & 7,2 \\ 7,08 & 5,04 & 6 & 5 \\ 8 & 5,98 & 9,89 & 9 \\ 6,99 & 4,99 & 9 & 9,98 \end{pmatrix}$$

Le système a alors pour solution :

$$x_1 = -81 \quad , \quad x_2 = 137 \quad , \quad x_3 = -34 \quad , \quad x_4 = 22.$$

Là encore, une petite variation des données a entraîné une grande variation de la solution.

On peut associer à chaque matrice $A \in GL_n(K)$ un nombre qui mesure la capacité de A à amplifier les erreurs, c'est son **conditionnement** : $K(A) = \| A \| \, \| A^{-1} \|$.

On se souvient que la norme utilisée est une norme subordonnée

$$\| A \| = \sup\{ \| AV \| / \| V \| \, ; \, V \neq 0\} = \sup\{ \| AV \| \, ; \, \| V \| = 1\}$$

$$\| A^{-1} \| = \sup\{ \| A^{-1}V \| / \| V \| \, ; \, V \neq 0\} = \sup\{ \| W \| / \| AW \| \, ; \, W \neq 0\}$$

D'où $$\frac{1}{\| A^{-1} \|} = \inf \{ \| AW \| / \| W \| \, ; \, W \neq 0\} = \inf \{ \| AV \| \, ; \, \| V \| = 1\}$$

Définition 3.1. : On appelle **conditionnement** de la matrice inversible A, relativement à une norme $\| \cdot \|$ choisie, le scalaire :

$$K(A) = \| A \| \, \| A^{-1} \| = \frac{\sup\{\| AV \| ; \| V \| = 1\}}{\inf\{\| AV \| ; \| V \| = 1\}}$$

Interprétation géométrique : le conditionnement mesure l'aplatissement de la boule unité $\mathcal{B} = \{V \in K^n \, / \, \| V \| \leq 1\}$ par la transformation A

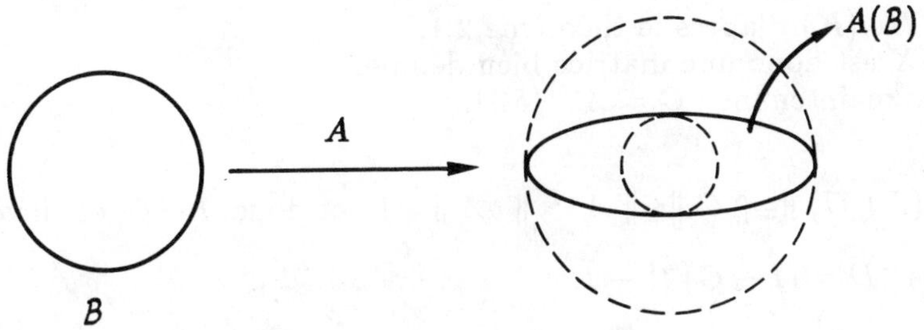

$\|$

Indiquons maintenant avec précision de quelle manière l'erreur relative sur la solution peut être estimée par une expression dépendant du conditionnement et de l'erreur relative sur les données.

Théorème 3.1. : Supposons $A \in GL_n(K)$, $B \in K^n$, $AX = B$ et $A(X + \delta X) = B + \delta B$. Alors

$$\frac{1}{K(A)} \cdot \frac{\| \delta B \|}{\| B \|} \leq \frac{\| \delta X \|}{\| X \|} \leq K(A) \cdot \frac{\| \delta B \|}{\| B \|}$$

Preuve : $A(\delta X) = \delta B$, $\quad \delta X = A^{-1}(\delta B)$. D'où

$$\frac{\| \delta B \|}{\| A \|} \leq \| \delta X \| \leq \| A^{-1} \| \, \| \delta B \|$$

De la même façon, de $AX = B$, on déduit

$$\frac{\| B \|}{\| A \|} \leq \| X \| \leq \| A^{-1} \| \, \| B \|$$

D'où finalement, $$\frac{\| \delta B \|}{\| A^{-1} \| \, \| B \| \, \| A \|} \leq \frac{\| \delta X \|}{\| X \|} \leq \frac{\| A \|}{\| B \|} \, \| A^{-1} \| \, \| \delta B \|$$ $\|$

Théorème 3.2. : Soit $A \in GL_n(K)$, $\delta A \in \mathcal{M}_n(K)$ vérifiant $\| A^{-1} \| \| \delta A \| < 1$. Alors $A + \delta A \in GL_n(K)$.

Supposons $AX = B$ et $(A + \delta A)(X + \delta X) = B$. Alors

$$\frac{\| \delta X \|}{\| X \|} \leq \frac{K(A)\dfrac{\| \delta A \|}{\| A \|}}{1 - K(A)\dfrac{\| \delta A \|}{\| A \|}}$$

Preuve : Posons $M = A + \delta A$. Alors $\| M - A \| = \| \delta A \| < \dfrac{1}{\| A^{-1} \|}$ et donc $M \in GL_n(K)$ d'après le théorème 2.1.
$X + \delta X$ est donc une matrice bien définie.
Posons maintenant : $C = A^{-1}(\delta A)$.

Alors :
$\| I - (I + C) \| = \| C \| \leq \| A^{-1} \| \| \delta A \| < 1$ et donc $I + C$ est inversible.

Posons $D = (I + C)^{-1} - I$.

$$\begin{aligned} DX &= \left((I + A^{-1}(\delta A))^{-1} - I \right) X = ((A + \delta A)^{-1} A - I) X \\ &= (A + \delta A)^{-1} B - X = \delta X \end{aligned}$$

D'où $\| \delta X \| \leq \| D \| \| X \|$. Maintenant, $(I + C)D = -C$ et

$\| D \| - \| C \| \| D \| \leq \| D \| - \| CD \| \leq \| C \|$, d'où

$$\| D \| \leq \frac{\| C \|}{1 - \| C \|}$$

Le résultat suit du fait que $\| C \| \leq \| A^{-1} \| \| \delta A \|$ et que la fonction $t \to \dfrac{t}{1 - t}$ est croissante sur $]0, 1[$. $\|$

CHAPITRE XII

Les méthodes itératives

Dans tout le chapitre on se propose de résoudre le système $(\sum)$ introduit au chapitre X en supposant $K = \mathbb{R}$ ou $\mathbb{C}$, $A \in \mathcal{M}_n(K)$ et $\text{dét} A \neq 0$.

1. Principe des méthodes itératives

A titre d'exemple, faisons une étude du système $(\sum)$ dans le cas où $n = 2$. La solution ${}^t(x_1, x_2)$ du système peut être perçue comme étant le point d'intersection des droites

$$\begin{cases} (D_1) \ : \ a_{11}\, x_1 \ + \ a_{12}\, x_2 \ - \ b_1 \ = \ 0 \\ (D_2) \ : \ a_{21}\, x_1 \ + \ a_{22}\, x_2 \ - \ b_2 \ = \ 0 \end{cases}$$

Soit $x_1^{(0)}$ une valeur donnée. On peut calculer $x_2^{(0)}$ tel que : $a_{11}\, x_1^{(0)} + a_{12}\, x_2^{(0)} - b_1 = 0$, c'est-à-dire tel que le point $x^{(0)} = \left(x_1^{(0)},\, x_2^{(0)}\right)$ soit sur (D_1). En général, $a_{21}\, x_1^{(0)} + a_{22}\, x_2^{(0)} - b_2 \neq 0$, c'est-à-dire : $x^{(0)} \notin (D_2)$. Mais, en conservant $x_2^{(0)}$, il est possible de déterminer $x_1^{(1)}$ tel que $x^{(1)} = \left(x_1^{(1)}, x_2^{(0)}\right) \in (D_2)$. En général, $x^{(1)} \notin (D_1)$, mais on peut calculer $x_2^{(2)}$ de façon que $x^{(2)} = \left(x_1^{(1)}, x_2^{(2)}\right) \in (D_1)$. Le processus peut être poursuivi indéfiniment et permet de déterminer une suite $\left(x^{(n)}\right)_n$ de points du plan suivant le schéma indiqué à la figure 1. Dans le cas de la figure 1, la suite $\left(x^{(n)}\right)_n$ converge vers la solution de $(\sum)$. Il n'en va pas toujours ainsi; lorsque les droites (D_1) et (D_2) sont données comme dans la figure 2, on voit que le processus itératif est divergent. Dans le cas de convergence, on sent bien que chaque étape a tendance à absorber les erreurs d'arrondi de l'étape précédente plutôt qu'à les accumuler comme dans les méthodes directes.

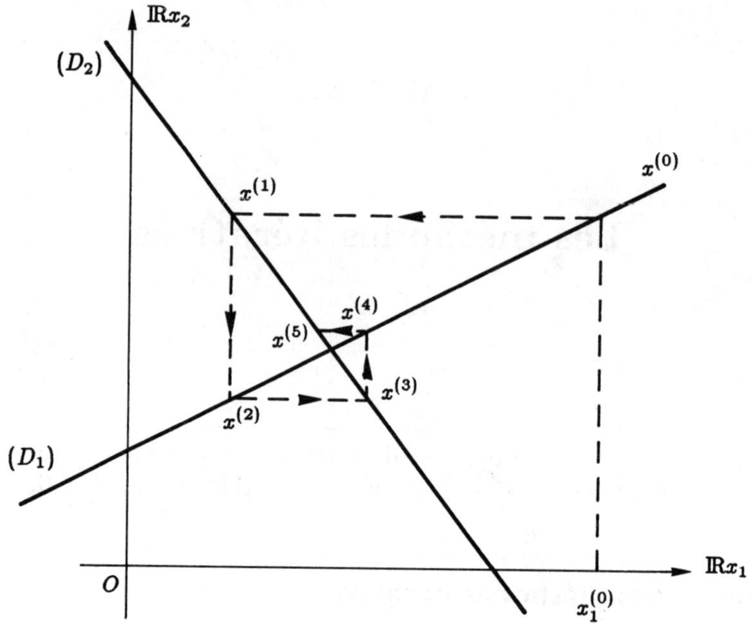
IRx₂
(D₂)
x^(0)
x^(1)
x^(4)
x^(5)
x^(3)
x^(2)
(D₁)
O
IRx₁
x₁^(0)

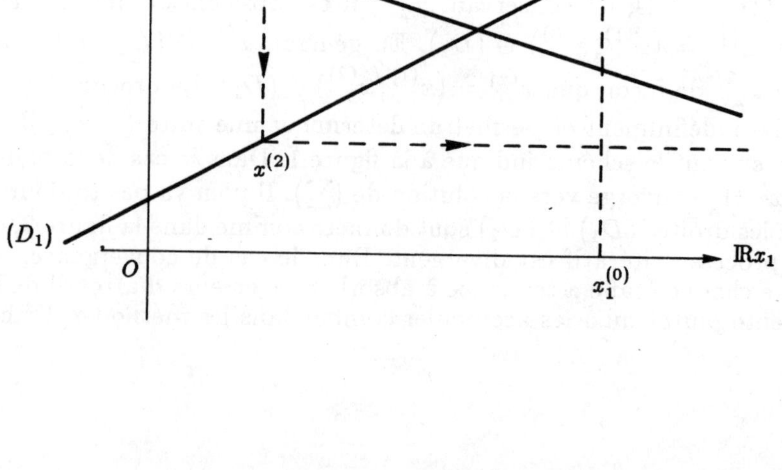
IRx₂
(D₂)
x^(1)
x^(0)
x^(2)
(D₁)
O
IRx₁
x₁^(0)

Revenons au cas général; l'objectif des méthodes itératives est de construire, à partir d'un vecteur $X^{(0)}$, une suite de vecteurs :

$$X^{(1)},\ X^{(2)}, \dots, X^{(n)}, \dots$$

qui converge vers la solution X de $(\sum)$.

Ayant choisi une norme $\| \cdot \|$ sur K^n, cette dernière condition se traduit par :

$$\lim_{n \to \infty} \| X^{(n)} - X \| = 0 \tag{1}$$

Le critère (1) a l'inconvénient d'utiliser l'inconnue X. Désignons toujours par $\| \cdot \|$ la norme subordonnée associée.

$$X^{(n)} - X = A^{-1}AX^{(n)} - A^{-1}AX = A^{-1}(AX^{(n)} - B)$$

$$\| X^{(n)} - X \| \leq \| A^{(-1)} \| \, \| AX^{(n)} - B \|$$

De même il est clair que

$$\| AX^{(n)} - B \| \leq \| A \| \, \| X^{(n)} - X \| .$$

Par suite (1) est équivalent à :

$$\lim_{n \to \infty} \| AX^{(n)} - B \| . \tag{2}$$

Le critère (2) ne dépend que des données du système $(\sum)$.

Définition 1.1. : pour tout $Y \in K^n$ on appelle **résidu relatif à Y** et on note $r(Y)$ le vecteur $r(Y) = AY - B$. Les composantes $r_1, \dots, r_n$ de $r(Y)$ $\left(r(Y) = {}^t(r_1, r_2, \dots, r_n)\right)$ sont également appelées **résidus**. Dans ce qui suit nous allons étudier les processus itératifs linéaires du type suivant :

$$\begin{cases} X^{(k+1)} = M\,X^{(k)} + N \\ X^{(0)} \text{ arbitraire} \\ M \in \mathcal{M}_n(K),\ N \in K^n \end{cases} \tag{3}$$

Nous allons rechercher les conditions sur M et N pour que le processus itératif soit convergent et que la limite soit une solution de $(\sum)$. Si la suite $X^{(k)}$ converge vers X nous voyons qu'à la limite, quand k tend vers ∞, on a :

$$X = MX + N \quad \text{ou} \quad (I - M)X = N$$

Ceci nous amène à ne rechercher que des méthodes itératives pour lesquelles $I - M$ est inversible.

La convergence de (3) est liée à la notion de rayon spectral de M. Nous étudions donc, maintenant, cette notion.

2. Rayon spectral

Définition 2.1. : On appelle **rayon spectral** de $M \in \mathcal{M}_n(K)$ et on note $\rho(M)$ le plus grand des modules des valeurs propres de M :

$$\rho(M) = \max\{|\lambda| \; ; \; \lambda \text{ valeur propre de } M\}.$$

Précisons que, même lorsque $K = \mathbb{R}$, le rayon spectral est calculé avec toutes les racines complexes du polynôme caractéristique de M. ||

Proposition 2.1. : pour toute matrice $M \in \mathcal{M}_n(K)$, $S_{\varphi_2}(M) = [\rho(M^*M)]^{1/2}$.

Preuve : M^*M est une matrice hermitienne donc normale.

D'après le théorème 4.2, chapitre I, il existe une matrice unitaire Ω telle que $\Omega^*M^*M\Omega = \operatorname{diag}(d_1, \ldots, d_n)$.
On vérifie sans peine que $d_i \geq 0 \quad (1 \leq i \leq n)$.

$$\begin{aligned}
S_{\varphi_2}(M) &= \sup_{V \neq 0} \frac{\varphi_2(MV)}{\varphi_2(V)} = \sup_{V \neq 0} \left[\frac{V^*M^*MV}{V^*V}\right]^{1/2} \\
&= \sup_{V \neq 0} \left[\frac{V^*\Omega\,\Omega^*M^*M\Omega\,\Omega^*V}{V^*\Omega\,\Omega^*V}\right]^{1/2} = \sup_{W \neq 0} \left[\frac{W^*(\Omega^*M^*M\Omega)W}{W^*W}\right]^{1/2} \\
&= \max\{d_i^{1/2} \; ; \; 1 \leq i \leq n\} = [\rho(M^*M)]^{1/2} \qquad ||
\end{aligned}$$

Proposition 2.2. : Etant donné une norme S sur $\mathcal{M}_n(K)$ (non nécessairement matricielle), on a, pour toute matrice $M \in \mathcal{M}_n(K)$,

$$\rho(M) = \lim_{m \to \infty} \left(S(M^m)\right)^{1/m}.$$

Preuve : Etablissons d'abord que l'existence et la valeur de la limite ci-dessus sont indépendantes de la norme S. Soit S_1 une autre norme sur $\mathcal{M}_n(K)$. $\mathcal{M}_n(K)$ étant de dimension finie (n^2), les normes S et S_1 sont équivalentes. Il existe alors $a > 0$ et $b > 0$ tels que

$$a\,S_1(M) \leq S(M) \leq b\,S_1(M) \qquad \forall M \in \mathcal{M}_n.$$

on a alors :

$$a^{1/m}\left(S_1(M^m)\right)^{1/m} \leq \left(S(M^m)\right)^{1/m} \leq b^{1/m}\left(S_1(M^m)\right)^{1/m}.$$

Puisque $\lim_{m \to \infty} a^{1/m} = \lim_{m \to \infty} b^{1/m} = 1$, si $\left(S_1(M^m)\right)^{1/m}$ a une limite quand m tend vers $+\infty$, alors $\left(S(M^m)\right)^{1/m}$ converge vers la même limite.

Soit $M \in \mathcal{M}_n$. Nous allons construire une norme sur $\mathcal{M}_n(K)$ pour laquelle la propriété à démontrer s'établit assez facilement. Nous utilisons pour cela la décomposition de Jordan de M (cf. appendice). Il existe une matrice inversible P telle que $P^{-1}MP$ soit de la forme $J = \text{diag}(J_1, \ldots, J_s)$ où J_k $(1 \leq k \leq s)$ est un bloc de Jordan. Posons :

$$S(Z) = \varphi_\infty(P^{-1}ZP) \qquad \text{pour toute } Z \in \mathcal{M}_n(K).$$

On vérifie sans peine que S satisfait aux axiomes (i), (ii) et (iii) d'une norme.

M et $P^{-1}MP$ ont les mêmes valeurs propres et donc le même rayon spectral

$$S(M^m) = \varphi_\infty(P^{-1}M^mP) = \varphi_\infty((P^{-1}MP)^m) = \varphi_\infty(J^m).$$

Il suffit donc d'établir notre propriété dans le cas particulier d'une matrice de Jordan et de la norme φ_∞. En remarquant que :

$$\rho(J) = \max_{1 \leq l \leq s} \rho(J_l) \quad \text{et} \quad \varphi_\infty(J^m) = \max_{1 \leq l \leq s} \varphi_\infty(J_l^m),$$

on voit qu'il est encore possible de réduire le problème au cas d'un bloc de Jordan J_l et de la norme φ_∞.

$$J_l = \lambda I_p + H \quad \text{où} \quad H = \sum_{i=1}^{p-1} E_{i+i,i}$$

$$J_l^m = \sum_{k=0}^{m} \frac{m!}{k!(m-k)!} \lambda^{m-k} H^k$$

Or, $H^k = 0$ dès que $k \geq p$. Nous aurons donc :

$$J_l^m = \sum_{k=0}^{p} \frac{m!}{k!(m-k)!} \lambda^{m-k} H^k,$$

$$\varphi_\infty(J_l^m) = \max_{0 \leq k \leq p} \frac{m!}{k!(m-k)!} |\lambda|^{m-k} \quad (\text{dès que } m \geq p),$$

$$\left(\varphi_\infty(J_l^m)\right)^{1/m} = \max_{0 \leq k \leq p} \left(\frac{m!}{k!(m-k)!}\right)^{1/m} |\lambda|^{\frac{m-k}{m}},$$

$$\lim_{m \to \infty} \left(\varphi_\infty(J_e^m)\right)^{1/m} = \max_{0 \leq k \leq p} \lim_{m \to \infty} \left(\frac{m!}{k!(m-k)!}\right)^{1/m} |\lambda|^{\frac{m-k}{m}},$$

or, $\left(\dfrac{m!}{k!(m-k)!}\right)^{1/m} = e^{\frac{1}{m}(\log m + \cdots + \log(m-k+1) - \log(k!))}$
tend vers 1 lorsque m tend vers ∞.
Alors $\lim\limits_{m \to \infty} \left(\varphi_\infty(J_l^m)\right)^{1/m} = |\lambda| = \rho(J_l)$ et le résultat est établi.||

Proposition 2.3. : Quelles que soient les matrices $Y,\ Z \in \mathcal{M}_n(K)$, on a :

$$\rho(Y\,Z) \;=\; \rho(Z\,Y).$$

Preuve : On utilise l'expression du rayon spectral fournie par la proposition précédente avec une norme matricielle et l'identité suivante :

$$(Y\,Z)^m \;=\; Y(Z\,Y)^{m-1}Z$$

Les détails sont laissés au lecteur.||

Proposition 2.4. : pour toute matrice $M \in \mathcal{M}_n(K)$,

$$\rho(M) = \inf\{S_\varphi(M)\ ;\ \varphi \text{ est une norme sur } K^n\}.$$

Preuve : Montrons d'abord que $\rho(M)$ est un minorant de l'ensemble des valeurs $S_\varphi(M)$ (φ norme sur K^n). Par définition, $\rho(M) = |\lambda|$ où λ est une valeur propre de M. Il existe donc $V \in K^n$, $V \neq 0$ tel que $MV = \lambda V$. Alors, $\varphi(MV) = |\lambda|\ \varphi(V)$ et

$$|\lambda| \;=\; \frac{\varphi(MV)}{\varphi(V)} \;\leq\; S_\varphi(M).$$

Maintenant, considérons $\varepsilon > 0$ et montrons que l'on peut trouver une norme φ sur K^n telle que $S_\varphi(M) \leq \rho(M) + \varepsilon$.

Utilisons la décomposition de Jordan de M. Il existe une matrice inversible P telle que $P^{-1}MP$ soit de la forme $J = \operatorname{diag}(J_1, \ldots, J_s)$ où chaque $J_l (1 \leq l \leq s)$ est un bloc de Jordan. Pour toute norme φ sur K^n, on a :

$$\begin{aligned} S_\varphi(J) &= \sup\left\{\frac{\varphi(P^{-1}MPV)}{\varphi(V)}\ ;\ V \in K^n,\ V \neq 0\right\} \\ &= \sup\left\{\frac{\varphi(P^{-1}MW)}{\varphi(P^{-1}W)}\ ;\ W \in K^n,\ W \neq 0\right\} \end{aligned}$$

Pour tout $W \in K^n$ posons $\widetilde{\varphi}(W) = \varphi(P^{-1}W)$. Clairement, $\widetilde{\varphi}$ obéit à tous les axiomes d'une norme et $S_\varphi(J) = S_{\widetilde{\varphi}}(M)$. Puisque, de plus, $\rho(J) = \rho(M)$, nous voyons qu'il est suffisant d'établir la propriété pour la matrice de Jordan J. Pour $1 \leq l \leq s$, considérons un bloc de Jordan J_l de valeur propre λ_l et de dimension n_l. Posons :

$$Q_l = \sum_{i=1}^{n_l} \varepsilon^{i-1} E_{i,i} = \text{diag}(1, \varepsilon, \varepsilon^2, \dots, \varepsilon^{n_l - 1})$$

Alors $Q_l^{-1} = \sum_{i=1}^{n_l} \varepsilon^{1-i} E_{i,i} = \text{diag}(1, \varepsilon^{-1}, \varepsilon^{-2}, \dots, \varepsilon^{1-n_l})$
et on vérifie sans peine que :

$$Q_l^{-1} J_l Q_l = \lambda_l I_{n_l} + \varepsilon \sum_{i=1}^{n_l - 1} E_{i+1,i}$$

$Q_l^{-1} J_l Q_l$ est obtenu à partir de J_l en remplaçant les 1 au-dessous de la diagonale principale par des ε.

Posons $Q = \text{diag}(Q_1, Q_2, \dots, Q_s)$ et considérons la norme φ sur K^n définie par :

$$\varphi(V) = \varphi_\infty(Q^{-1} V)$$

$$\text{Alors}, \quad S_\varphi(J) = S_{\varphi_\infty}\left(\text{diag}(Q_1^{-1} J_1 Q_1, \dots, Q_s^{-1} J_s Q_s)\right)$$

et $S_\varphi(J) \leq \max\{|\lambda_1|, \dots, |\lambda_s|\} + \varepsilon = \rho(J) + \varepsilon.$ ||

Théorème 2.1. Soit $M \in \mathcal{M}_n(K)$ ($I - M$ inversible) et $N \in K^n$. La méthode itérative :

$$\begin{cases} X^{k+1} = M X^{(k)} + N \\ X^{(0)} \in K^n, \end{cases}$$

converge, quel que soit le vecteur initial $X^{(0)}$, si et seulement si :

$$\rho(M) < 1.$$

Preuve : Condition nécessaire :
Soit X la solution de : $(I - M)X = N$. Alors,

$$X^{(k+1)} - X = M(X^{(k)} - X) \qquad \text{quel que soit } k.$$

Choisissons $X^{(0)}$ tel que $X^{(0)} - X$ soit un vecteur propre associé à la valeur propre λ de M telle que $|\lambda| = \rho(M)$. On voit facilement que :

$$X^{(k)} - X = \lambda^k (X^{(0)} - X)$$

Si le processus itératif converge, il ne peut que converger vers X.

Donc $\lim_{k\to\infty} \| X^{(k)} - X \| = 0$ (pour une norme quelconque $\| \cdot \|$ sur K^n). Par suite, $|\lambda|^k \| X^{(0)} - X \| = \| X^{(k)} - X \|$ tend vers 0 et puisque $X^{(0)} - X \neq 0$ (vecteur propre), on a :

$$\lim_{k\to+\infty} |\lambda|^k = 0$$

Ceci impose : $|\lambda| = \rho(M) < 1$.

Condition suffisante :

Soit toujours X la solution de : $(I-M)X = N$ et $X^{(0)}$ un vecteur arbitraire de K^n. La suite des itérés de $X^{(0)}$ satisfait toujours à :
$X^{(k+1)} - X = M\big(X^{(k)} - X)\big)$ et donc :

$$X^{(k)} - X = M^k\big(X^{(0)} - X\big) \qquad \text{pour tout } k.$$

Supposons $\rho(M) < 1$. D'après la proposition 2.4 il existe une norme φ sur K^n telle que $S_\varphi(M) < 1$. Alors,

$$\varphi\big(X^{(k)} - X\big) \leq \big(S_\varphi(M)\big)^k \varphi\big(X^{(0)} - X\big),$$

$\lim_{k\to\infty} \varphi\big(X^{(k)} - X\big) = 0$. $X^{(k)}$ converge donc vers X quand k tend vers $+\infty$. ||

La condition de convergence du processus itératif ne porte que sur la matrice M. Le choix du vecteur N intervient pour assurer que la limite du processus itératif est une solution du système initial $(\sum)$. Il est clair que pour qu'il en soit ainsi il faut et il suffit que les deux systèmes $(I - M)X = N$ et $AX = B$ aient la même solution. La condition est donc :

$$\boxed{(I - M)^{-1}N = A^{-1}B.}$$

3. Les techniques itératives classiques

Ces techniques utilisent la décomposition de A sous la forme $A = G - H$ où G est une matrice inversible telle que le système $GX = C$ soit facile à résoudre (par exemple, G diagonale, triangulaire, éventuellement par blocs). Alors :

$$AX = B \iff GX = HX + B \iff X = \underbrace{G^{-1}H}_{M}\, X + \underbrace{G^{-1}B}_{N}.$$

on notera que :

$$I - M = I - G^{-1}H = I - G^{-1}(G - A) = G^{-1}A$$

est inversible.

a) La méthode de Jacobi

On décompose A sous la forme : $A = D - E - F$ où quels que soient les indices i et j, on a :

$D(i,j) = A(i,j)\delta_{ij}$; $E(i,j) = -A(i,j)$ si $j < i$ et :
$E(i,j) = 0$ sinon ; $F(i,j) = -A(i,j)$ si $j > i$ et $F(i,j) = 0$ sinon.

Pour développer cette méthode il faut que D soit inversible. Quitte à modifier le système par quelques opérations élémentaires on peut toujours remplir cette condition. Nous avons alors :

$$AX = B \iff X = MX + N,$$

$$\text{avec } M = D^{-1}(E+F) \text{ et } N = D^{-1}B.$$

M est appelée la **matrice de Jacobi** et sera notée J.
On a alors : $X^{(k+1)} = D^{-1}(E+F)\,X^{(k)} + D^{-1}B$.

$$\text{i.e.} \quad \boxed{x_i^{(k+1)} = -\sum_{j \neq i} \frac{a_{ij}}{a_{ii}}\, x_j^{(k)} + \frac{b_i}{a_{ii}} \qquad \forall i = 1, \ldots, n}$$

$$\text{Si} \quad r_i^{(k)} = \sum_{j=1}^{n} a_{ij}\, x_j^{(k)} - b_i = \sum_{j \neq i} a_{ij}\, x_j^{(k)} - b_i + a_{ii}\, x_i^{(k)},$$

$$\text{alors :} \quad \boxed{\begin{array}{ll} x_i^{(k+1)} = x_i^{(k)} - \dfrac{r_i^{(k)}}{a_{ii}} & \\ & \forall i = 1, \ldots, n \\ r_i^{(k+1)} = -\displaystyle\sum_{j \neq i} \frac{a_{ij}}{a_{ii}}\, r_j^{(k)} & \end{array}}$$

Ainsi $x_1^{(k+1)}$ est calculé à partir de $x_2^{(k)}, \ldots, x_n^{(k)}$, en annulant la 1ère composante du résidu $Ax^{(k)} - b$; $x_2^{(k+1)}$ est calculé à partir de $x_1^{(k)}$, $x_3^{(k)}, \ldots, x_n^{(k)}$, en annulant la 2e composante du résidu $Ax^{(k)} - b$; et ainsi de suite.

Les n composantes de $x^{(k)}$ doivent être conservées en mémoire jusqu'au calcul de $x_n^{(k+1)}$.

La méthode de Jacobi est une technique dite de relaxation.

b) La méthode de Gauss-Seidel

A étant toujours décomposée sous la forme $A = D - E - F$ comme pour la méthode de Jacobi, avec toujours D inversible, on remarque que $D - E$

est aussi inversible $\big($puisque dét$(D - E)$ = dét $D \neq 0\big)$ et on regroupe : $A = (D - E) - F$. On a alors :

$$AX = B \iff X = MX + N,$$

$$\text{avec} \quad M = (D-E)^{-1}F \quad \text{et} \quad N = (D-E)^{-1}B.$$

Dans la méthode de Gauss-Seidel, la matrice M est notée $\mathcal{L}_1$. Alors, $X^{(k+1)} = (D - E)^{-1}\, F\, X^{(k)} + (D - E)^{-1}B$, ou en explicitant :

$$x_i^{(k+1)} = -\frac{1}{a_{ii}} \sum_{j=1}^{i-1} a_{ij}\, x_j^{(k+1)} - \frac{1}{a_{ii}} \sum_{j=i+1}^{n} a_{ij}\, x_j^{(k)} + \frac{b_i}{a_{ii}} \qquad (1 \le i \le n)$$

Ainsi la i^e composante de $X^{(k+1)}$ est calculée à partir des $(i-1)$ premières composantes de $X^{(k+1)}$ et des $(n-i-1)$ dernières composantes de X^k. On peut donc remplacer au fur et à mesure du calcul les composantes de $X^{(k)}$ par celles de $X^{(k+1)}$.

De ce point de vue la méthode de Gauss-Seidel est supérieure à celle de Jacobi. La méthode de Gauss-Seidel est une technique dite de relaxation.

c) Les techniques de sur-relaxation et de sous-relaxation

Considérons $\omega \in \mathbb{R}^*$. $A = D - E - F$ avec la même signification qu'aux paragraphes précédents. Alors,

$$A = \underbrace{\frac{1}{\omega}(D - \omega E)}_{G} - \underbrace{\frac{1}{\omega}\big((1-\omega)D + \omega F\big)}_{H}$$

$$\begin{aligned} AX = B &\iff X = MX + N \\ &\iff \underbrace{(D-\omega E)^{-1}\big((1-\omega)D + \omega F\big)}_{M \text{ notée } \mathcal{L}_\omega} X + \underbrace{\omega(D-\omega E)^{-1}B}_{N} \end{aligned}$$

Alors $X^{(k+1)} = (D - \omega E)^{-1}\big((1-\omega)D + \omega F\big)X^{(k)} + \omega(D - \omega E)^{-1}B$ ou en explicitant :

$$\begin{aligned} \widetilde{x}_i^{(k+1)} &= -\frac{1}{a_{ii}} \sum_{j=1}^{i-1} a_{ij}\, x_j^{(k+1)} - \frac{1}{a_{ii}} \sum_{j=i+1}^{n} a_{ij}\, x_j^{(k)} + \frac{b_i}{a_{ii}} \quad (1 \le i \le n) \\ x_i^{(k+1)} &= x_i^{(k)} + \omega\big(\widetilde{x}_i^{(k+1)} - x_i^{(k)}\big) = (1-\omega)x_i^{(k)} + \omega \widetilde{x}_i^{(k+1)} \end{aligned}$$

ω s'appelle le **facteur de relaxation**
si $\omega < 1$ on dit qu'on utilise une méthode de **sous-relaxation.**

si $\omega = \mathbf{1}$ on retrouve la méthode de Gauss-Seidel.
si $\omega > \mathbf{1}$ on dit qu'on utilise une méthode de **sur-relaxation.**

d) Les méthodes de Jacobi, Gauss-Seidel et relaxation, par blocs

Les techniques de Jacobi, Gauss-Seidel et de relaxation s'appliquent aux matrices décomposées en **blocs.**

Il suffit pour cela de transposer formellement les formules données ci-dessus pour chacune des techniques considérées.

Au produit ordinaire de 2 coefficients on substituera le produit matriciel de 2 blocs et à l'inverse d'un coefficient, l'inverse matriciel d'un bloc.

Ainsi, pour tout i, le bloc diagonal A_{ii} doit être inversible.

4. Convergence des méthodes itératives

Nous avons montré ci-dessus qu'une condition nécessaire et suffisante de convergence de la méthode définie par la formule :

$$X^{(k+1)} = MX^{(k)} + N, \qquad \text{était :} \quad \rho(M) < 1.$$

Le problème à résoudre, pour savoir quand une méthode itérative est convergente, est donc un problème de valeurs propres, c'est-à-dire un problème en général plus difficile que le problème initial.

C'est pourquoi nous allons mettre en évidence des conditions suffisantes relativement simples à mettre en œuvre.

Proposition 4.1. : Soit $C \in \mathcal{M}_n(K)$ une matrice dont les valeurs propres sont $\lambda_1, \lambda_2, \dots, \lambda_n$. Alors :

$$\{\lambda_1, \dots, \lambda_n\} \subset \bigcup_{i=1}^{n} \{z \in \mathbb{C}\,;\, |C(i,i) - z| \leq \sum_{j \neq i} |C(i,j)|\}$$

$$\text{ou} \quad \left(\{\lambda_1, \dots, \lambda_n\} \subset \bigcup_{j=1}^{n} \{z \in \mathbb{C}\,;\, |C(j,j) - z| \leq \sum_{i \neq j} |C(i,j)|\} \right)$$

Preuve : Soit λ une valeur propre de C. La matrice $C - \lambda I$ n'est pas inversible. D'après la proposition 2.3, chapitre II, $C - \lambda I$ n'est pas à diagonale dominante. Il existe donc $i = 1, \dots, n$, tel que :
$|C(i,i) - \lambda| \leq \sum_{j \neq i} |C(i,j)|$. D'où le résultat. La condition indiquée entre

parenthèses est la condition initiale appliquée à la transposée de C. Comme C et ${}^tC$ ont les mêmes valeurs propres elle est aussi vraie.||

Les disques, dans le plan complexe, de centre $C(i,i)$ et de rayon $\sum_{j\neq i}|C(i,j)|$ qui interviennent dans la proposition précédente s'appellent **cercles de Gersgorhin.**

Théorème 4.1. : Si la matrice A du système $(\sum)$ (ou sa transposée) est à diagonale strictement dominante, alors les méthodes de Jacobi et de Gauss-Seidel convergent.

Preuve :

α) **Méthode de Jacobi**
Avec les notations du paragraphe précédent, nous devons montrer que toute valeur propre λ de la matrice $M = D^{-1}(E+F)$ vérifie : $|\lambda| < 1$. Les cercles de Gersgorhin de M sont centrés à l'origine et de rayon égal à :

$$\sum_{j\neq i}\left|\frac{a_{ij}}{a_{ii}}\right| \qquad (1 \leq i \leq n).$$

or, puisque A est à diagonale dominante, tous ces rayons sont < 1. D'où le résultat.

β) **Méthode de Gauss-Seidel**
Maintenant, $M = (D-E)^{-1}F$. Soit λ une valeur propre de M. $M - \lambda I$ n'est pas inversible. En multipliant par $-(D-E)$, on peut conclure que $\lambda(D-E) - F$ est non inversible et, par conséquent, n'est pas à diagonale strictement dominante. Toujours par application de la proposition 2.3, chapitre II, il existe $i \in \{1,\ldots,n\}$ tel que

$$|a_{ii}|\,|\lambda| \leq \sum_{j<i}|\lambda|\,|a_{ij}| + \sum_{j>i}|a_{ij}|$$

D'où : $|\lambda| \leq \sum_{j<i}|\lambda|\left|\frac{a_{ij}}{a_{ii}}\right| + \sum_{j>i}\left|\frac{a_{ij}}{a_{ii}}\right|.$

Posons :

$$w_i = u_i + v_i\,, \quad u_i = \sum_{j<i}\left|\frac{a_{ij}}{a_{ii}}\right| \quad \text{et} \quad v_i = \sum_{j>i}\left|\frac{a_{ij}}{a_{ii}}\right|$$

Alors, $|\lambda|(1-u_i) \leq v_i\,, \quad |\lambda| \leq \dfrac{v_i}{1-u_i} = \dfrac{w_i - u_i}{1-u_i}.$

Par hypothèse, $w_i < 1$ et donc $|\lambda| < 1$. D'où le résultat.||

Théorème 4.2. : Soit $\mathcal{L}_\omega = (D-\omega E)^{-1}\big((1-\omega)D+\omega F\big)$, $\omega \neq 0$.

Alors : $\rho(\mathcal{L}_\omega) \geq |\omega - 1|$.

Il en résulte que si $|\omega-1| \geq 1$ ou, ce qui est équivalent, si $\omega \notin\,]0,2[$, la méthode de relaxation diverge.

Preuve :

$$\text{dét}\,\mathcal{L}_\omega = \frac{\text{dét}\big((1-\omega)D+\omega F\big)}{\text{dét}(D-\omega E)} = (1-\omega)^n\,\frac{\text{dét}\big(D+\dfrac{\omega}{1-\omega}F\big)}{\text{dét}(D-\omega E)}$$
$$= (1-\omega)^n\,\frac{\text{dét}\,D}{\text{dét}D} = (1-\omega)^n.$$

Or, le déterminant de $\mathcal{L}_\omega$ est le produit des valeurs propres de $\mathcal{L}_\omega$. Donc, $\big(\rho(\mathcal{L}_\omega)\big)^n \geq |1-\omega|^n$, ou encore :

$$\rho(\mathcal{L}_\omega) \geq |1-\omega| \qquad \|$$

5. Convergence des méthodes itératives dans le cas où la matrice du système $(\sum)$ est tridiagonale par blocs

Les matrices tridiagonales par blocs jouent un rôle important en analyse numérique car on les obtient en général en discrétisant un problème différentiel ou aux dérivées partielles, linéaire.

Considérons la matrice tridiagonale par blocs, dépendant de deux paramètres scalaires μ, θ, suivante :

$$A(\mu,\theta) = \begin{pmatrix} A_{11} & \theta B_1 & 0 & \dots & \dots & O \\ \mu C_2 & A_{22} & \theta B_2 & \ddots & & \vdots \\ O & \mu C_3 & A_{33} & \theta B_3 & \ddots & \vdots \\ \vdots & \ddots & \ddots & \ddots & \ddots & O \\ \vdots & \ddots & \ddots & \ddots & \ddots & \theta B_{m-1} \\ O & \dots & \dots & O & \mu C_m & A_{mm} \end{pmatrix}$$

où les blocs diagonaux A_{ii} $(1 \leq i \leq m)$ sont des matrices carrées inversibles d'ordre n_i. On suppose que $A(\mu,\theta)$ est d'ordre n, c'est-à-dire : $n_1 + n_2 + \dots + n_m = n$.

Dans ce paragraphe nous supposons que la matrice A de $(\sum)$ est $A(1,1)$ et nous envisageons les méthodes de Jacobi et de relaxation **par blocs**. C'est-à-dire que nous posons :

$$J = D^{-1}(E+F) \quad \text{et} \quad \mathcal{L}_\omega = (D-\omega E)^{-1}[(1-\omega)D+\omega F],$$

avec : $D = A(0,0)$, $E = A(-1,0) - D$ et $F = A(0,-1) - D$.

Nous utiliserons une astuce technique de calcul matriciel que nous indiquons dans le

Lemme 5.1. : Soit μ un scalaire $\neq 0$. Alors :

$$\text{dét}\big(A(\mu,\mu^{-1})\big) = \text{dét}\big(A(1,1)\big).$$

Preuve : l'égalité des déterminants découle du fait que les matrices $A(\mu,\mu^{-1})$ et $A(1,1)$ sont semblables :

$$A(1,1) = P^{-1}\,A(\mu,\mu^{-1})P,$$

où $P = \text{diag}\big(I_1,\mu I_2,\ldots,\mu^{m-1}I_m\big)$, en notant I_i la matrice unité d'ordre n_i.||

Proposition 5.1. : Si μ est une valeur propre de J, alors $-\mu$ est aussi une valeur propre de J.

Preuve :

$$\text{dét}\big(D^{-1}(E+F)-\mu I\big) = \text{dét}\big(D^{-1}\big)\ \text{dét}(E+F-\mu D)$$

$$\text{dét}\big(D^{-1}\big)\ \text{dét}(-E-F-\mu D) = (-1)^n\text{dét}\big(D^{-1}\big)\ \text{dét}(E+F+\mu D)\ .$$

$$= (-1)^n\text{dét}\big(D^{-1}(E+F)-(-\mu)I\big)$$

Nous avons utilisé le lemme précédent avec un scalaire égal à -1.||

Nous voulons maintenant savoir quel est le meilleur choix de ω dans la méthode de relaxation. Autrement dit : quelle est la valeur de ω pour laquelle $\rho(\mathcal{L}_\omega)$ est le plus petit ?

Le théorème 4.2 n'a pas été établi pour les méthodes définies par blocs, mais il est facile de voir que la démonstration qui en a été donnée est encore valide dans notre cas. Il est donc inutile de rechercher des valeurs de ω hors de l'intervalle $]0,2[$.

Théorème 5.1. : Supposons $\omega\in]0,2[$.

(i) Supposons $\omega\neq 1$. Considérons deux scalaires λ et μ liés par :

$$(\lambda+\omega-1)^2 = \lambda\omega^2\mu^2.$$

on a alors l'équivalence :

$$(\lambda \text{ valeur propre de } \mathcal{L}_\omega) \iff (\mu \text{ valeur propre de } J)$$

(ii) Supposons $\omega = 1$. Considérons les scalaires λ et μ liés par :

$$\lambda = \mu^2$$

on a alors l'équivalence :

$$(\lambda \text{ valeur propre } \neq 0 \text{ de } \mathcal{L}_\omega) \iff (\mu \text{ valeur propre } \neq 0 \text{ de } J)$$

Preuve :

(i) $\text{dét}(\mathcal{L}_\omega - \lambda I) = \text{dét}(D - \omega E)^{-1}\text{dét}[(1-\omega)D + \omega F - \lambda(D - \omega E)]$.
λ est donc valeur propre de $\mathcal{L}_\omega$ si et seulement si :

$$\text{dét}[(1 - \omega - \lambda)D + \lambda\omega E + \omega F] = 0.$$

Sous les hypothèses de (i) on a nécessairement $\lambda \neq 0$. On peut donc appliquer le lemme 5.1 et dire que λ est valeur propre de $\mathcal{L}_\omega$ si et seulement si :

$$\text{dét}[(1 - \omega - \lambda)D + \lambda^{1/2}\omega E + \lambda^{1/2}\omega F] = 0,$$

où $\lambda^{1/2}$ est l'une des deux racines carrées complexes de λ.

En multipliant chaque coefficient du déterminant par $\lambda^{-\frac{1}{2}}\omega^{-1}$, on voit que cette dernière égalité équivaut à :

$$\text{dét}[(1 - \omega - \lambda)\lambda^{-\frac{1}{2}}\omega^{-1}D + E + F] = 0\ ,$$

ou encore à :

$$\text{dét}\big(D^{-1}(E + F) - (\lambda + \omega - 1)\lambda^{-\frac{1}{2}}\omega^{-1}I\big) = 0$$

Ainsi, sous les hypothèses de (i), λ est valeur propre de $\mathcal{L}_\omega$ si et seulement si $\pm\mu$ est valeur propre de J. Mais cette dernière condition équivaut à :

$$\mu \text{ valeur propre de } J,$$

d'après la proposition 5.1.

(ii) Le calcul ci-dessus s'applique avec $\omega = 1$. Simplement, ici, il faut rajouter directement l'hypothèse : $\lambda \neq 0$. ||

Théorème : Supposons que les valeurs propres de J soient réelles et que $\rho(J) < 1$. Alors, $\rho(\mathcal{L}_\omega)$ atteint sa plus petite valeur sur $]0, 2[$ (et donc sur $]0, +\infty[$) lorsque ω est égal à :

$$\omega_0 = \frac{2}{1 + \sqrt{1 - [\rho(J)]^2}}$$

Preuve : Les valeurs propres μ_i de la matrice J sont réelles et vérifient :

$$-\rho(J) \leq \mu_i \leq \rho(J) < 1.$$

A chaque $\omega \in\ ]0, 2[$ et chaque μ_i, il correspond deux valeurs propres $\lambda_i^1(\omega)$, $\lambda_i^2(\omega)$ de $\mathcal{L}_\omega$, qui sont obtenues en résolvant :

$$(\lambda + \omega - 1)^2 = \lambda\,\omega^2\mu_i^2.$$

$\lambda_i^1(\omega)$ et $\lambda_i^2(\omega)$ sont obtenues comme abscisses des points d'intersection de la droite

$$\Delta_\omega(\lambda) = \frac{\lambda + \omega - 1}{\omega}$$

avec la parabole $\pi_i(\lambda) = \pm\ \lambda^{1/2}\mu_i$.

La droite $\Delta_\omega(\lambda)$ a la pente $1/\omega$ et passe par le point (1,1). Nous avons :

$$\rho(\mathcal{L}_\omega) = \max_i \left(|\lambda_i^1(\omega)|, |\lambda_i^2(\omega)|\right) = \max \left(|\lambda^1(\omega)|, |\lambda^2(\omega)|\right),$$

les $\lambda^1(\omega)$, $\lambda^2(\omega)$ étant obtenues par intersection de $\Delta_\omega(\lambda)$ avec $\pi(\lambda) = \pm \lambda^{1/2}\mu$, où $\mu = \rho(J) = \max_i(|\mu_i|)$. En résolvant l'équation du second degré, on trouve le résultat.||

6. Cas matrices des symétriques

Théorème : Soit A une matrice symétrique définie positive, telle que $A = G-H$, G inversible. Si ${}^tG+H$ est définie positive, alors $\rho(G^{-1}H) < 1$.

Preuve : La matrice ${}^tG + H$ est bien symétrique puisque :

$${}^tG + H = {}^tG + G - A.$$

Puisque A est définie positive, on sait qu'il existe une matrice inversible L telle que $A = L\,{}^tL$. Alors, en posant :

$$\widetilde{G} = L^{-1}G\,{}^tL^{-1} \quad \text{et} \quad \widetilde{H} = L^{-1}H\,{}^tL^{-1},$$

on a : $I = \widetilde{G} - \widetilde{H}$, ${}^t\widetilde{G} + \widetilde{H} = L^{-1}({}^tG + H)\,{}^tL^{-1}$ et : $(\widetilde{G})^{-1}\widetilde{H} = {}^tL\; G^{-1}H\,{}^tL^{-1}$. Ceci montre que, sans perte de généralité, on peut supposer : $A = I$. Ce que nous faisons jusqu'à la fin de la démonstration. On a alors :

$$G^{-1}H = G^{-1}(G - I) = I - G^{-1}.$$

L'hypothèse : ${}^tG + H$ définie positive, se traduit par :

$${}^tG + G - I \text{ définie positive .}$$

Soit λ une valeur propre de $I - G^{-1}$. Il nous suffit de prouver que $|\lambda| < 1$. Or, il existe un vecteur $V \neq 0$ tel que : $V - G^{-1}V = \lambda V$, ou encore :

$$G\,V - V = \lambda G\,V, \qquad (1-\lambda)G\,V - V = 0.$$

Nous avons alors :
$(1-\lambda)\,{}^tVG\,V - {}^tVV = 0$, puis en transposant :
$(1-\lambda)\,{}^tV\,{}^tG\,V - {}^tVV = 0$, et en ajoutant :
$(1-\lambda)\,{}^tV({}^tG + G - I)V = (1+\lambda)\,{}^tVV$.
$\lambda \neq 1$ (sinon $V = 0$); et comme ${}^tG + G - I$ est définie positive, on a :

$$\frac{1+\lambda}{1-\lambda} > 0 \quad ; \quad \text{d'où} \quad |\lambda| < 1. \qquad ||$$

Théorème : Supposons que la matrice A soit symétrique définie positive. Alors la méthode de relaxation (par points ou par blocs) converge quel que soit $\omega \in \,]0,2[$.

Preuve : $A = G - H$ avec :

$$G = \frac{D}{\omega} - E \qquad \text{et} \qquad H = \frac{1-\omega}{\omega} D + F.$$

Alors, $\;{}^tG + H = \dfrac{D}{\omega} - F + \dfrac{1-\omega}{\omega} D + F = \dfrac{2-\omega}{\omega} D$. D est définie positive et lorsque $\omega \in \,]0,2[$, on a :

$$\frac{2-\omega}{\omega} > 0.$$

Donc ${}^tG + H$ est définie positive. On conclut avec le théorème précédent.||

CHAPITRE XIII

Méthodes itératives et problèmes variationnels

De nombreux problèmes variationnels quadratiques provenant de la mécanique des milieux continus conduisent, après discrétisation, à la recherche de systèmes linéaires à matrices symétriques définies positives. Dans ce cas, les méthodes classiques de résolution de ces systèmes ont une interprétation géométrique simple que nous mettons en évidence ci-dessous.

Dans tout le chapitre nous supposons : $K = \mathbb{R}$ et la matrice A du système $(\sum)$ symétrique définie positive.

1. Résolution du système $AX = B$: point de vue géométrique

Nous associons au système $(\sum)$ la fonctionnelle quadratique :

$$J(X) = \frac{1}{2}\,{}^tXAX - {}^tXB \qquad ({}^tX = (x_1, \ldots, x_n))$$

On vérifie facilement que J est une fonction polynomiale du second degré par rapport aux variables $x_1, x_2, \ldots, x_n$ et que l'image de $\mathbb{R}^n$ par J est un intervalle $[C_0, +\infty[$ de $\mathbb{R}$.

A toute valeur $c \in\ ]C_0, +\infty[$ on peut associer l'ensemble :

$$J^{-1}(c) = \{X \in \mathbb{R}^n / J(X) = c\},$$

qui est un ellipsoïde.

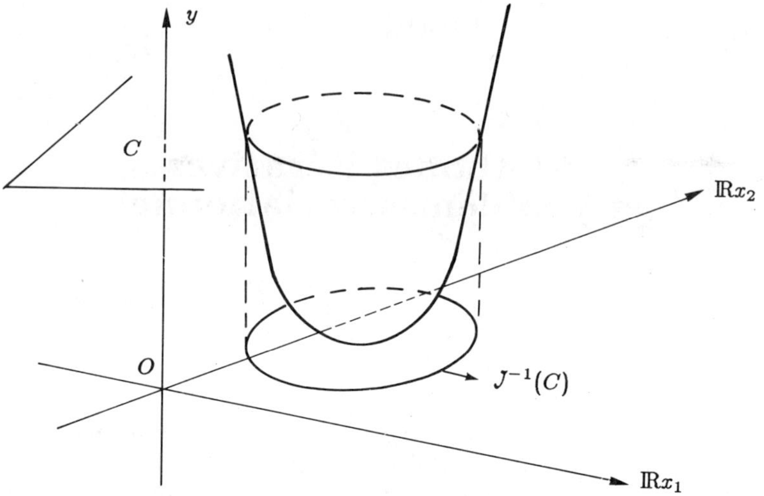

Nous dirons que le point $X_0 \in \mathbb{R}^n$ est **centre** de l'ellipsoïde $J^{-1}(c)$ si, pour une certaine constante réelle γ, on a :

$$J(X) = \frac{1}{2}({}^tX - {}^tX_0)A(X - X_0) + \gamma.$$

(en plaçant l'origine en X_0, l'expression de J ne possède plus de partie linéaire).

Proposition 1.1. : X_0 est l'unique solution du système $(\sum)$ si et seulement si X_0 est centre de la famille d'ellipsoïdes homothétiques $\left(J^{-1}(c)\right)_{c>C_0}$.

Preuve :

$$\begin{aligned} J(X) &= \frac{1}{2}({}^tX - {}^tX_0 + {}^tX_0)A(X - X_0 + X_0) - {}^tXB \\ &= \frac{1}{2}({}^tX - {}^tX_0)A(X - X_0) + {}^tXAX_0 - {}^tXB - \frac{1}{2}{}^tX_0AX_0 \end{aligned}$$

Une condition nécessaire et suffisante pour que X_0 soit un centre est donc que : ${}^tX(AX_0 - B) = 0$ quel que soit $X \in \mathbb{R}^n$; c'est-à-dire : $AX_0 = B$. ||

Signification géométrique des résidus :

$$J(X) = \frac{1}{2}\,{}^tXAX - {}^tXB = \frac{1}{2}\sum_{i=1}^{n}\sum_{j=1}^{n} a_{ij}\, x_j\, x_i - \sum_{i=1}^{n} b_i\, x_i$$

$$\frac{\partial J}{\partial x_i}(X) = \sum_{i=1}^{n} a_{ij}\, x_j - b_i = r_i$$

Le gradient de J en X se confond donc avec le résidu relatif à X :

$$\nabla J(X) = r(X).$$

Or le gradient de J est porté par la normale extérieure à l'ellipsoïde $J^{-1}\big(J(X)\big)$ qui passe par le point X considéré.
Pour $n = 2$, par exemple, nous avons le schéma suivant :

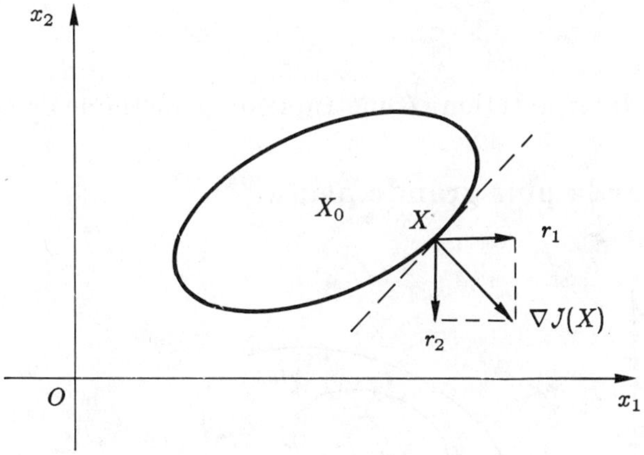

2. La méthode de Jacobi (ou de Southwell)

L'interprétation géométrique de la méthode de Jacobi est la suivante : le point

$$X_i^{(k+1)} = \left(x_1^{(k)}, \ldots, x_{i-1}^{(k)},\ x_i^{(k+1)},\ x_{i+1}^{(k)}, \ldots, x_n^{(k)}\right)$$

est obtenu à partir de

$$X^{(k)} = \left(x_1^{(k)}, \ldots, x_i^{(k)}, \ldots, x_n^{(k)}\right)$$

en annulant le i[e] résidu.

$X_i^{(k+1)}$ est donc sur la quadrique tangente à la droite parallèle à l'axe Ox_i passant par le point $X^{(k)}$.

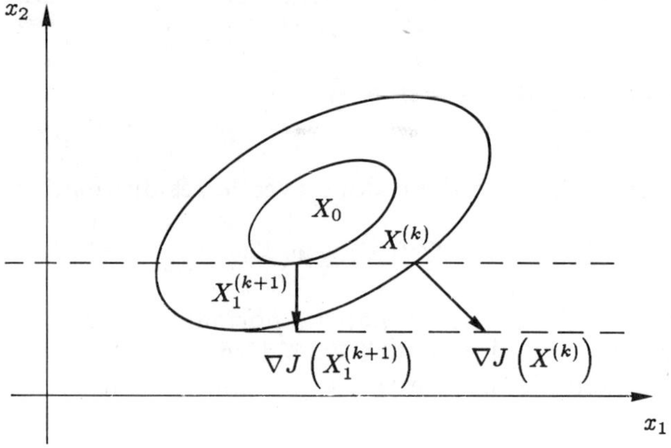

Exercice 2.1. : Interprétation géométrique de la méthode de Gauss-Seidel.||

3. Méthode de la plus grande pente

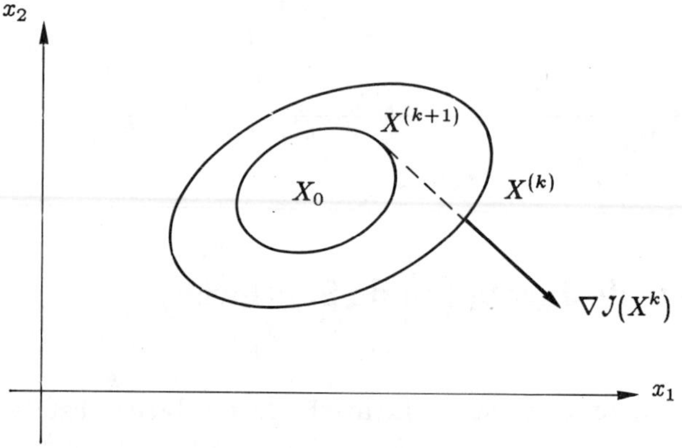

On détermine $X^{(k+1)}$ à partir de $X^{(k)}$ en cherchant le point qui est sur l'ellipsoïde tangent à la normale à $J^{-1}\big(J(X^{(k)})\big)$ au point $X^{(k)}$. On a donc :

$$X^{(k+1)} = X^{(k)} + t_k\, r^{(k)}\,; \qquad t_k \in \mathbb{R},$$

On doit aussi avoir :

$$r^{(k+1)} \perp r^{(k)} \quad , \quad r^{(k)} = AX^{(k)} - B$$

La condition d'orthogonalité $r^{(k+1)} \perp r^{(k)}$ se traduit alors par :

$$\begin{aligned} {}^t r^{(k)} \big(AX^{(k+1)} - B \big) &= 0, \\ {}^t r^{(k)} \big(AX^{(k)} - B + t_k \, A \, r^{(k)} \big) &= 0, \\ {}^t r^{(k)} \, r^{(k)} &= -t_k \, {}^t r^{(k)} A \, r^{(k)}, \\ t_k &= -\frac{{}^t r^{(k)} \, r^{(k)}}{{}^t r^{(k)} \, A \, r^{(k)}} \end{aligned}$$

Ainsi :

$$\boxed{\begin{aligned} X^{(k+1)} &= X^{(k)} - \frac{{}^t r^{(k)} \, r^{(k)}}{{}^t r^{(k)} A \, r^{(k)}} \, r^{(k)} \\ r^{(k+1)} &= r^{(k)} - \frac{{}^t r^{(k)} \, r^{(k)}}{{}^t r^{(k)} A \, r^{(k)}} \, A \, r^{(k)} \end{aligned}}$$

Théorème 3.1. : Soit λ_M (resp. λ_m) la plus grande (resp. la plus petite) valeur propre de A. La méthode de la plus grande pente **converge**, quel que soit le vecteur initial $X^{(0)}$, vers la solution de $(\sum)$ si :

$$\left| \frac{\lambda_M}{\lambda_m} \right| < \sqrt{2}.$$

Preuve :

$$\begin{aligned} {}^t r^{(k+1)} \, r^{(k+1)} &= {}^t r^{(k)} \, r^{(k)} + \left[\frac{{}^t r^{(k)} \, r^{(k)}}{{}^t r^{(k)} \, A \, r^{(k)}} \right]^2 \, {}^t r^{(k)} \, A^2 \, r^{(k)} \\ &\quad - 2 \, \frac{{}^t r^{(k)} \, r^{(k)}}{{}^t r^{(k)} \, A \, r^{(k)}} \, {}^t r^{(k)} \, A \, r^{(k)} \\ &= {}^t r^{(k)} \, r^{(k)} \big(\rho_k - 1 \big), \end{aligned}$$

où : $$\rho_k = \frac{{}^t r^{(k)} \, r^{(k)} \; {}^t r^{(k)} \, A^2 \, r^{(k)}}{\big({}^t r^{(k)} \, A \, r^{(k)} \big)^2} \quad ,$$

si $\left| \dfrac{\lambda_M}{\lambda_m} \right| < \sqrt{2}$, on a : $\rho_k \le \left(\dfrac{\lambda_M}{\lambda_m} \right)^2 < 2$, et donc $\rho_k - 1 < 1$.
D'où le résultat $\|$.

4. Méthode du gradient conjugué

On détermine $X^{(k+1)}$ à partir de $X^{(k)}$ de la façon suivante :

①	$X^{(k+1)} = X^{(k)} + t_k U^{(k)}$
②	$U^{(k)} = -r^{(k)} + s_k U^{(k-1)}$
③	${}^tU^{(k-1)} A U^{(k)} = 0$ (permet le calcul de s_k)
④	${}^tU^{(k)} r^{(k+1)}$ (permet le calcul de t_k)

③ traduit le fait que $U^{(k-1)}$ et $U^{(k)}$ sont conjugués par rapport à l'ellipse section de l'ellipsoïde $J^{-1}\big(J(X^{(k)})\big)$ par le plan passant par $X^{(k)}$ et de vecteurs directeurs $U^{(k-1)}$, $\nabla J\big(X^{(k)}\big)$.

④ traduit le fait que la droite passant par $X^{(k)}$ et de vecteur directeur $U^{(k)}$ est tangente en $X^{(k+1)}$ à l'ellipsoïde $J^{-1}\big(J(X^{(k+1)})\big)$.

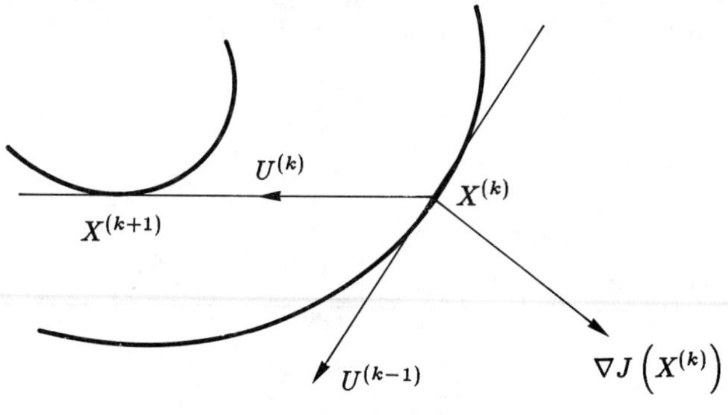

On remarque que :

$$r^{(k+1)} = r^{(k)} + t_k A U^{(k)} \qquad \text{①'};$$

De ③ et ② on déduit :

$${}^tU^{(k-1)} A\big(-r^{(k)} + s_k U^{(k-1)}\big) = 0,$$

$$\boxed{s_k = \frac{{}^tU^{(k-1)}\, A\, r^{(k)}}{{}^tU^{(k-1)}\, A\, U^{(k-1)}}}$$

De ④ et ①' on déduit :

$${}^tU^{(k)}\big(r^{(k)} + t_k\, A\, U^{(k)}\big) = 0, \quad \text{et donc :}$$

$$\boxed{t_k = -\frac{{}^tU^{(k)}\, r^{(k)}}{{}^tU^{(k)}\, A\, U^{(k)}}}$$

on vérifie que :

$$t_k = \frac{{}^tr^{(k)}\, r^{(k)}}{{}^tU^{(k)}\, A\, U^{(k)}} \quad \text{et} \quad s_k = \frac{{}^tr^{(k)}\, r^{(k)}}{{}^tr^{(k-1)}\, r^{(k-1)}}$$

Théorème 4.1. : la méthode du gradient conjugué converge en n itérations au plus (l'idée est que les résidus s'orthogonalisent quand k croît).

Preuve : par récurrence, on montre que pour $p, q \in \mathbb{N}^2$ tels que $q < p$, on a :

$${}^tr^{(p)}\, r^{(q)} = {}^tU^{(q-1)}\, A\, r^{(p)} = {}^tU^{(q)}\, A\, U^{(p)} = {}^tr^{(q)}\, A\, U^{(p)} = 0.$$

On en déduit que les vecteurs $U^{(0)}, U^{(1)}, \ldots, U^{(n-1)}$ sont linéairement indépendants et que la méthode converge en n itérations au plus.‖

5. Point de vue variationnel

Proposition 5.1. : Une condition nécessaire et suffisante pour que $X_0 \in \mathbb{R}^n$ soit solution de $(\sum)$ est que :

$$J(X_0) = \inf\{J(X)\,;\, X \in \mathbb{R}^n\}.$$

Preuve : Supposons $AX_0 = B$. Soit $V \in \mathbb{R}^n$, $V \neq 0$, $t \in \mathbb{R}$ et posons : $X = X_0 + t\,V$.

$$\begin{aligned} J(X) &= \frac{1}{2}\,{}^tXAX - {}^tXB \\ &= J(X_0) + t\big({}^tV AX_0 - {}^tVB\big) + \frac{t^2}{2}\,{}^tV AV \\ &= J(X_0) + \frac{t^2}{2}\,{}^tV AV \end{aligned}$$

D'où : $J(X) \geq J(X_0)$. On peut même conclure que : $J(X) > J(X_0)$ lorsque $X \neq X_0$.

Inversement, supposons que J atteigne son minimum en X_0. Alors, quel que soit $V \neq 0$ et quel que soit le réel $t > 0$, on a :

$$J(X_0 + tV) \leq J(X_0)$$

on en déduit :

$$\frac{J(X_0 + tV) - J(X_0)}{t} \geq 0,$$

et donc :

$$\lim_{\substack{t \to 0 \\ t > 0}} \frac{J(X_0 + tV) - J(X_0)}{t} = {}^tV\big(\nabla J(x_0)\big) \geq 0$$

La propriété étant vraie quel que soit V est aussi vraie pour $-V$. Par conséquent :

$${}^tV\big(\nabla J(X_0)\big) \leq 0 \quad \text{quel que soit} \quad V \in \mathbb{R}^n.$$

En fait :

$${}^tV\big(\nabla J(X_0)\big) = 0 \quad \text{quel que soit} \quad V \in \mathbb{R}^n.$$

D'où $\nabla J(X_0) = 0$. Or $\nabla J(X_0) = AX_0 - B$.
D'où le résultat.||

Exercice 5.1. : Montrer que la méthode du gradient conjugué peut s'interpréter du point de vue variationnel de la façon suivante, en posant :

$$\Gamma^{(k)} = \left\{ X^{(k)} + \sum_{i=0}^{k} \alpha_i \nabla J\big(U^{(i)}\big) \,;\, \alpha_i \in \mathbb{R}, \quad 0 \leq i \leq k \right\},$$

$X^{(k+1)}$ est caractérisé par :

$$X^{(k+1)} \in \Gamma^{(k)} \qquad \text{et} \qquad J\big(X^{(k+1)}\big) = \inf_{Y \in \Gamma^{(k)}} J(Y).$$

APPENDICE

Les formes matricielles canoniques

Dans tout cet appendice on suppose $A \in \mathcal{M}_n$ et on confond A avec l'endomorphisme : $V \longmapsto AV$, de K^n. On rappelle qu'une matrice $M \in \mathcal{M}_n$ est semblable à A s'il existe $P \in GL_n$ telle que $M = P^{-1}AP$ et que ceci équivaut au fait que M est la matrice de l'endormorphisme A dans une base de K^n autre que la base canonique. L'objectif est, ici, de rechercher dans la classe de similitude de A des matrices de forme intéressante.

1. Le polynôme minimal

Etant donné un polynôme $p(x) = a_0 + a_1x + \cdots + a_sx^s \in K[x]$, on note :

$$p(A) = a_0I + a_1A + \cdots + a_sA^s.$$

Exercice 1.1. : montrer que pour toute $P \in GL_n$ on a :

$$p(P^{-1}AP) = P^{-1}p(A)P. \qquad \|$$

Exercice 1.2. : en remarquant que la famille $(A^k)_{k\in\mathbb{N}}$ ne peut être libre, montrer qu'il existe $p \in K[x]$ tel que $p \neq 0$ et $p(A) = 0$. ||

Définition 1.1. : on appelle **polynôme minimal** de A tout polynôme unitaire $p \in K[x]$ de plus petit degré parmi ceux qui vérifient :

$$p \neq 0 \quad \text{et} \quad p(A) = 0. \ \|$$

La proposition suivante devient immédiate dès que l'on songe à utiliser la propriété de division euclidienne des polynômes.

Proposition 1.1. : Soit $p \in K[x]$ et μ un polynôme minimal de A. Alors $p(A) = 0$ si et seulement si μ divise p. ||

Notation 1.1. : parce qu'un polynôme minimal est supposé unitaire, de la proposition précédente il découle que A possède **un seul** polynôme minimal. Nous le notons μ_A.||

Définition 1.2. : Nous dirons qu'une matrice $M \in \mathcal{M}_k$ $(k < n)$ est une **restriction** de A s'il existe dans la classe de similitude de A une matrice de la forme :

$$\begin{pmatrix} M & M_{12} \\ 0 & M_{22} \end{pmatrix}, \quad M_{12} \in \mathcal{M}_{k,n-k} \quad M_{22} \in \mathcal{M}_{n-k}.$$

Exercices 1.3.

a) Montrer que le polynôme minimal d'une matrice ne dépend que de sa classe de similitude.
b) Montrer que si M est une restriction de A et $p \in K[x]$, alors $p(M)$ est une restriction de $p(A)$.
c) Montrer que si M est une restriction de A, alors μ_M divise μ_A.
d) Montrer que si $A = \text{diag}(M, N)$ $(M \in \mathcal{M}_k,\ N \in \mathcal{M}_{n-k})$, alors $m_A = \text{ppcm}(\mu_M, \mu_N)$.
e) Montrer que $\lambda \in K$ est une valeur propre de A si et seulement si λ est une racine de μ_A.
f) Supposons A à coefficients réels. Montrer que le polynôme minimal de A est le même qu'il soit calculé en faisant $K = \mathbb{R}$ ou en faisant $K = \mathbb{C}$.||

Définition 1.3. : Une matrice $C \in \mathcal{M}_k$ est dite **matrice compagnon** de paramètres $a_0, \ldots, a_{k-1}$ lorsque :

$$C = \sum_{i=1}^{k-1} E_{i+1,i} - \sum_{j=1}^{k} a_{j-1} E_{j,k}$$

Une matrice $J_\lambda \in \mathcal{M}_k$ est dite **bloc de Jordan** de valeur propre $\lambda \in K$ lorsque :

$$J_\lambda = \lambda I + \sum_{i=1}^{k-1} E_{i+1,i}$$

Exercices 1.4.

a) Montrer que le polynôme minimal de la matrice compagnon $C \in \mathcal{M}_k$ de paramètres $a_0, \ldots, a_{k-1}$ est :

$$\mu_c(x) = x^k + a_{k-1}x^{k-1} + \cdots + a_1 x + a_0.$$

(On pourra étudier la loi de formation de CV à partir de V lorsque $V \in K^n$, appliquer cette loi en faisant successivement

$V = E_1, CE_1, \ldots, C^{k-1}E_1$, où E_1 est le premier vecteur de la base canonique de K^n et mettre ainsi en évidence que :

$$(C^k + a_{k-1}C^{k-1} + \cdots + a_1 C + a_0 I)E_1 = 0.$$

On pourra conclure en remarquant que cette relation reste vraie si E_1 est remplacé par CE_1, $C^2E_1, \ldots, C^{k-1}E_1$ et que tous ces vecteurs engendrent K^k).

b) Montrer que le polynôme minimal du bloc de Jordan $J_\lambda \in \mathcal{M}_k$ de valeur propre λ est :

$$\mu_{J_\lambda} = (x - \lambda)^k.$$

($J_\lambda = \lambda I + C_0$ où C_0 est une matrice compagnon. Il y a une relation entre le polynôme minimal de C_0 et celui de $\lambda I + C_0$).||

2. La forme de Frobénius

Considérons $V \in K^n$, $V \neq 0$. Notons $\mathcal{C}(V)$ et appelons **sous-espace cyclique** engendré par V, le sous-espace vectoriel de K^n engendré par la suite des vecteurs :

$$V,\ AV,\ A^2V, \ldots, A^kV, \ldots$$

$\mathcal{C}(V)$ étant de dimension finie, il existe un plus petit entier $m \neq 0$ tel que les vecteurs :

$$V,\ AV, \ldots, A^mV,$$

soient linéairement dépendants. On peut aussi décrire m comme le plus petit entier $\neq 0$ tel qu'il existe $a_0, a_1, \ldots, a_{m-1} \in K$ vérifiant :

$$A^mV = -a_0V - a_1AV - \cdots - a_{m-1}A^{m-1}V \tag{1}$$

Par minimalité de m, les vecteurs $V, AV, \ldots, A^{m-1}V$, sont linéairement indépendants. Par ailleurs, en prenant les images successives de (1) par A, il est facile d'établir, par récurrence sur k, que pour tout $k \geq m$, A^kV est une combinaison linéaire de $V, AV, \ldots, A^{m-1}V$. Ainsi $(V, AV, \ldots, A^{m-1}V)$ est une base de $\mathcal{C}(V)$. En utilisant le théorème de la base incomplète, nous pouvons dire qu'il existe une base $\mathcal{B}$ de K^n dont les m premiers vecteurs sont : $V, AV, \ldots, A^{m-1}V$. La matrice M de l'endomorphisme A dans la base $\mathcal{B}$ est de la forme :

$$M = \begin{pmatrix} C & M_{12} \\ 0 & M_{22} \end{pmatrix}, \tag{2}$$

où $C \in \mathcal{M}_m$ est la matrice compagnon de paramètres $a_0, a_1, \ldots, a_{m-1}$.

Supposons $2 \leq i \leq m$ et $m+1 \leq j \leq n$; ce qui traduit le fait que le coefficient $M(i,j)$ est dans M_{12} mais pas sur la première ligne. Posons $\lambda = -M(i,j)$. Le produit matriciel :

$$MB_{i-1,j}^{\lambda},$$

s'obtient, à partir de M, en remplaçant simplement le coefficient $M(i,j)$ par 0. Si nous voulons rester dans la classe de similitude de M, nous devons multiplier à gauche par $B_{i-1,j}^{-\lambda}$. Or, la matrice $B_{i-1,j}^{-\lambda} M B_{i-1,j}^{\lambda}$ ne diffère de $MB_{i-1,j}^{\lambda}$ que par une modification des coefficients $M(i-1,k)$ pour $m+1 \leq k \leq n$.

Ainsi, en restant dans la classe de similitude de M (et donc dans celle de A) on peut, dans M_{12}, annuler un coefficient hors de sa première ligne, quitte à modifier les coefficients de la ligne au-dessus.

Nous pouvons appliquer cet argument plusieurs fois, en commençant par la dernière ligne de M_{12} et en remontant, et conclure qu'il existe dans la classe de similitude de A une matrice M de la forme (2) telle qu'en plus, dans M_{12}, les seuls coefficients éventuellement non nuls soient tous sur la première ligne.

Nous allons voir maintenant qu'en fait, si nous choisissons convenablement le vecteur V initial, la première ligne de M_{12} est aussi égale à 0. Il suffit pour cela de choisir V en sorte que **$\mathcal{C}(V)$ soit un sous-espace cyclique de dimension maximum.** En effet, sous cette hypothèse, supposons qu'il existe $j \in \{m+1, \ldots, n\}$ tel que $M(1,j) \neq 0$. On peut supposer (sans sortir de la classe de similitude de A) que $j = m+1$, i.e. $M(1, m+1) \neq 0$. On peut même supposer que $M(1, m+1) = 1$. La matrice semblable à A à laquelle nous sommes parvenus est alors la matrice de l'endomorphisme A dans la base $\mathcal{B}' = (V, AV, \ldots, A^{m-1}V, W, \ldots)$. En écrivant les coordonnées des vecteurs $W, AW, \ldots, A^m W$, dans la base $(W, V, AV, \ldots, A^{m-1}V, \ldots)$, on vérifie facilement que l'on obtient une matrice qui contient un mineur triangulaire $\neq 0$, d'ordre $m+1$. Ainsi $\mathcal{C}(W)$ a une dimension plus grande que $\mathcal{C}(V)$, ce qui est impossible.

Nous venons de prouver la première partie du

Théorème 2.1.

Toute matrice $A \in \mathcal{M}_n$ est semblable à une matrice de la forme $\operatorname{diag}(C, N)$ où C est une matrice compagnon. De plus, il est possible de choisir C en sorte que μ_N divise μ_C.

Preuve : nous conservons les notations qui précédaient l'énoncé du théorème. $M = \operatorname{diag}(C, N)$ est semblable à A. Nous supposons toujours que $\mathcal{C}(V)$ est un sous-espace cyclique de dimension maximum. C'est cette hypothèse qui va impliquer que μ_N divise μ_C.

Par maximalité de m, quels que soient $S \in K^m$ et $T \in K^{n-m}$, le vecteur :

$$M^m \begin{pmatrix} S \\ T \end{pmatrix}$$

est une combinaison linéaire des vecteurs :

$$M^k \begin{pmatrix} S \\ T \end{pmatrix} \qquad (0 \leq k \leq m-1) :$$

$$M^m \begin{pmatrix} S \\ T \end{pmatrix} = -b_0 \begin{pmatrix} S \\ T \end{pmatrix} - b_1 M \begin{pmatrix} S \\ T \end{pmatrix} - \cdots - b_{m-1} M^{m-1} \begin{pmatrix} S \\ T \end{pmatrix}.$$

Ceci peut s'écrire sous la forme :

$$\begin{cases} C^m S = -b_0 S - b_1 CS - \cdots - b_{m-1} C^{m-1} S, \\ N^m T = -b_0 T - b_1 NT - \cdots - b_{m-1} C^{m-1} T, \end{cases}$$

Supposons que S soit le premier vecteur de la base canonique de K^m. Alors, par définition de C, on a :

$$C^m S = -a_0 S - a_1 CS - \cdots - a_{m-1} C^{m-1} S.$$

Maintenant, puisque $S, CS, \ldots, C^{m-1}S$ sont linéairement indépendants, il vient : $a_i = b_i \quad (0 \leq i \leq m-1)$.

D'où $N^m T + a_{m-1} N^{m-1} T + \cdots + a_1 NT + a_0 T = 0$. Soit encore $\mu_C(N)T = 0$. Comme ce calcul vaut quel que soit $T \in K^{n-m}$, il vient $\mu_C(N) = 0$; et donc μ_N divise μ_C.||

Dans le théorème précédent, on peut refaire avec N ce qui est fait avec A et ainsi montrer par récurrence le

Théorème 2.2. (décomposition de Frobénius)
Toute matrice $A \in \mathcal{M}_n$ est semblable à une matrice de la forme $\mathrm{diag}(C_1, C_2, \ldots, C_u)$ où les C_i $(1 \leq i \leq u)$ sont des matrices compagnons telles que le polynôme minimal de chacune divise celui de la précédente. Le polynôme minimal de A est alors le même que celui de C_1. ||

3. La forme de Jordan

Soit C une matrice compagnon dont le polynôme minimal est **scindé**, i.e. peut s'écrire comme un produit de polynômes du premier degré :

$$\mu_c(x) = (x-\lambda_1)^{n_1}(x-\lambda_2)^{n_2}\cdots(x-\lambda_r)^{n_r} \quad (\lambda_i \in K\ ;\ \lambda_i \neq \lambda_j \text{ si } i \neq j).$$

C est d'ordre $n = n_1 + n_2 + \cdots + n_r$. Pour tout $i = 1, 2, \ldots, r$, soit $J_{\lambda_i} \in \mathcal{M}_{n_i}$ le bloc de Jordan de valeur propre λ_i.
Soit $J = \operatorname{diag}(J_{\lambda_1}, J_{\lambda_2}, \ldots, J_{\lambda_r})$. Le polynôme minimal de J est alors :

$$\mu_J(x) = \text{p.p.c.m.}(\mu_{J_{\lambda_1}}(x), \ldots, \mu_{J_{\lambda_r}}(x)) = (x-\lambda_1)^{n_1}\ldots(x-\lambda_r)^{n_r} = \mu_c(x).$$

Le théorème de décomposition de Frobénius indique que J est semblable à une matrice $\operatorname{diag}(C_1, \ldots, C_v)$ telle que $C_1, \ldots, C_v$ sont des matrices compagnons telles que $\mu_{C_1} = \mu_J$. On a donc : $\mu_{C_1} = \mu_C$. Or, une matrice compagnon est entièrement déterminée par son polynôme minimal. Donc $C_1 = C$. Pour des raisons de dimension des matrices on doit avoir : $v = 1$. D'où J est semblable à C.

Nous venons de montrer que toute matrice compagnon dont le polynôme minimal est scindé est semblable à une matrice $\operatorname{diag}(J_1, \ldots, J_r)$ où les J_i $(1 \leq i \leq r)$ sont des blocs de Jordan.

Soit A une matrice quelconque dont le polynôme minimal est scindé. D'après la décomposition de Frobénius, A est semblable à $\operatorname{diag}(\widetilde{C}_1, \ldots, \widetilde{C}_u)$ où $\widetilde{C}_i$ $(1 \leq i \leq u)$ est une matrice compagnon et $\mu_{\widetilde{C}_1} = \mu_A$.

Alors $\mu_{\widetilde{C}_1}$ est scindé, ainsi que tous les $\mu_{\widetilde{C}_i}$ puisqu'ils sont des diviseurs de $\mu_{\widetilde{C}_1}$.

Nous avons ainsi établi le

Théorème 3.1.

(décomposition de Jordan)
Toute matrice $A \in \mathcal{M}_n$ dont le polynôme minimal est scindé est semblable à une matrice $\operatorname{diag}(J_1, \ldots, J_t)$ où chaque J_i $(1 \leq i \leq t)$ est un bloc de Jordan.||

BIBLIOGRAPHIE

J. BARANGER : *Analyse numérique,* Hermann.

C. BREZINSKI : *Introduction à la pratique du calcul numérique,* Dunod Université.

C. BREZINSKI : *Algorithmique numérique,* Ellipses.

H. CARTAN : *Cours de calcul différentiel,* Hermann, Paris.

P.G. CIARLET : *Introduction à l'analyse numérique matricielle et à l'optimisation,* Masson, Paris.

D. CONTE, C. DE BOOR : *Elementary numerical analysis : an algorithmic approach,* Mc Graw-Hill, New York.

M. CROUZEIX, A.L. MIGNOT : *Analyse numérique des équations différentielles,* Masson, Paris.

C. DE BOOR : *A practical guide to splines,* Springer Verlag.

C. DI CRESCENZO, M. PICHAT, J. WOLF : *Algorithmique numérique - Exercices et problèmes,* Armand Colin, Paris.

N. GASTINEL : *Analyse numérique linéaire,* Hermann, Paris.

G. H. GOLUB, F. VAN LOAN : *Matrix computations,* Johns Hopkins, Baltimore.

G. HACQUES : *Algorithmique numérique,* Armand Colin, Paris.

HAIRER, NORSETT, WANNER : *Solving ordinary differential equations* I, Springer Verlag.

A.S. HOUSEHOLDER : *The theory of matrices in numerical analysis,* Dover Publications, New York.

P. LASCAUX, R. THEODOR : *Analyse numérique matricielle appliquée à l'art de l'ingénieur (Tomes* I *et* II*),* Masson, Paris.

A. RALSTON, P. RABINOWITZ : *A first course in numerical analysis,* Mc Graw-Hill, New York.

M. SIBONY, J. L. MARDON : *Analyse numérique (Tomes* I *et* II*),* Hermann, Paris.

J. STOER, R. BULIRSCH : *Introduction to Numerical Analysis,* Springer-Verlag, Berlin.

R. THEODOR : *Initiation à l'analyse numérique,* Masson, Paris.

INDEX

N

O

P

R

S

IMPRIMERIE DU SUD
24, rue Nègreneys - 31200 TOULOUSE
Dépôt légal n° 3434 - Août 1990